易經與經營之道

張建智 著

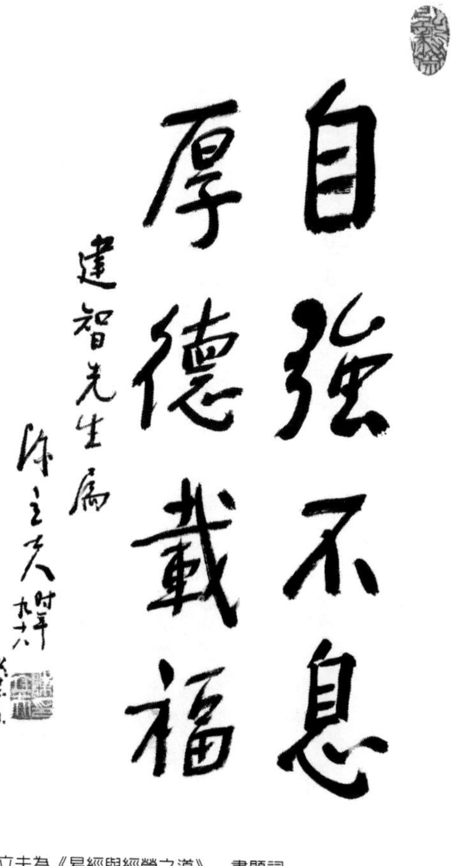

陳立夫為《易經與經營之道》一書題詞。

中國易經研究會會長劉大鈞教授為《易經與經營之道》題詞。

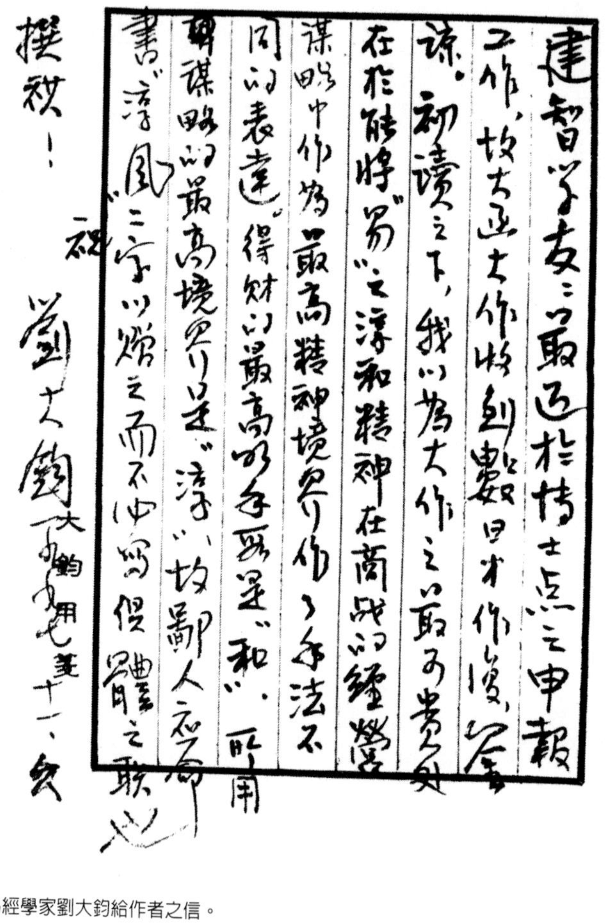

建智學友：最近於博士點之申報工作，故未即大作收到數日才作復，容諒。初讀之下，我以為大作之最可貴處在於能將"易"之"淳和"精神在商戰的經營謀略中作為最高精神境界作了手法不同的表達。得財的最高形式是"和"。所用謀略的最高境界是"淳"，故鄙人亦為書"淳風"二字以贈之而不必寫但體之耿心

撰祺！

劉大鈞 十一、九

易經學家劉大鈞給作者之信。

序

葛劍雄

張建智先生是我結識不久的新朋友。去年九月，我與同人去湖州考察，初次與張先生相見，當他得知我也是出生於湖州市南潯鎮時，即引為同鄉。言談之中，方知他早已垂意我發表在《讀書》等刊物上的幾篇拙文，討論後感到彼此有不少共同見解，又增加了一層同道的關係。四十年前我離開南潯時還是小學生，對故鄉知之甚少，承蒙他告訴我不少舊聞新事，備感親切。

我的《貨殖何罪》一文在《讀書》第九期發表後，張先生就打來電話，表示贊成我的看法，以後我們又在電話中作過多次討論，對司馬遷的重商思想和中國的商業傳統有了越來越多的共同語言。大概因為這個原因，張先生送來他所著《〈易經〉與經營之道》一書的前言和目錄提要，要我寫上幾句話。這時我才知道他多年來獨闢蹊徑地從事《易經》與經營文化的研究，並有優遊商海的實際經驗，而且已結合對《易經》的研究，形成了一套自己的理論。可是這卻給我出了一個難題——因為我不懂《易經》，自然更談不上研究；而且我對近年來一些「研究」《易經》的方法和有關的出版物頗持異議。這倒不是我否定《易經》，或者不重視《易經》的科學價值和文化意義，而是反對兩種錯誤的傾向：一是將《易經》的作用無限拔高，甚至吹得神乎其神，認為《易經》包羅萬象，可以解決現代科學和當代社會中的一切難題；一是將《易經》當作占卜的工具，用之於問休咎、卜凶吉、測未來。要是張先生的書也是如此，我將如何寫這幾句話？如果不負責任地讚揚，豈非有違初衷？對書的專題我也不無疑慮，難道《易經》中已有了經營的方法？難道二三千年前的古人具有現代商業知識嗎？

但仔細讀後，我感到大可不必多慮，因為張先生研究的運用《易經》的態度並非如此。正如他在自序中所說，他是從人生觀、自然觀、命運觀的角度來探討中國式的經營之道的，並從這一角度將《易經》與經營有機地結合起來，去尋找「大思路」或「小啟迪」，去感語「經營之道」。書中要講的，不是具體如何去經營，經營什麼，會獲得什麼結果，而是一個經營者應該具有什麼樣的素質；在經營的全過程中應該持何種心態，採用什麼策略，追求什麼目的；在經營之餘，如何總結經驗，修身養性。所以儘管《易經》中並沒有具體的經營方面的內容，儘管《易經》作者所處的時代與今天完全不可同日而語，他們也不可能預測到未來的經營活動，但對現在的經營者都是有益的。因為無論從事何種經營——傳統的買賣，期貨或證券交易、信託投資、金融、保險、房地產，他們首先要學會做人，具有人的基本素質，並且不斷加以提高和完善。從「做人之道」出發，才會有真正的「經營之道」。我相信，張先生要闡發的，就是《易經》在完善經營者人格方面的價值，這也是《易經》的精髓所在。至於張先生所提到的「預測吉凶」，我的理解也是指對事物發展規律性的認識。我讚賞張先生求實的態度，所以才不惴淺陋寫了這些話，作為我們繼續討論中的一段發言。至於這本書是否能起到這樣的作用，讀者們自能作出正確的評判。是為序。

一九九七年六月三日凌晨

於復旦大學寓所

自序

很久以來，我就有一個願望：寫一本有關《經營之道》的書。而這種講「經營」的東西，不是港臺女作家梁鳳儀式的「在商言商」。也不是美國露絲・克雷思式的「把握時機做好生意」之類的行銷式的生意經。我想寫的是能真正體現中國現狀的人們的經營理念，以及切合實際的他們的「商旅生涯」。於此，遂想起了中國原典文化中特別重要的一部《易經》。因為《易》之思想，更貼近一般中國人的人生觀、自然觀、命運觀。而把《易經》與經營有機地結合起來，寫成一本有別於別人寫就的《經營之道》，這可是我長期的夙願。

有著幾千年積澱並無處不閃耀著睿智的一部「天書」，無論其「符象」或「卦，爻」的義理文字，無不可按事物之道理、事由、原理由後人去拓展思路，預測並追求未來。商場與經營的運行規律，難道不是按此原理和事由在運轉嗎？如果你仔細琢磨《易經》，從第一卦的「乾卦」代表著經營者步入經營生涯的第一步「做人之道」的開始，並一步一步走完你的商旅生涯，直到終結時最後「未濟」（最後一卦）時，這整個過程實際已具備了經營活動的法則性、有序性，且在作循環不已之運動！因而《易》與經營結合起來研究「經營之道」，從小到一盤生意開始到結束，可以用六十四卦作為一個小循環，大則可以看作你一生的經營活動，或一個家族、一個企業集團的經營運作循環，乃至一個國家、一個民族賴以生存、發展之經營循環，均可用《易經》表現出經營活動的運動變化，預測吉凶、洞察因果規律等等。

《周易研究》一九九六年第二期載主編劉大鈞教授在答香港中通社社長郭招金先生問中，從《易經》學術活動的研究中得出結論道：「經過多年的極『左』、『禁錮』之後，在改革開放的今天，很多精英人物都想在經濟大潮中尋找機遇一展拳腳，他們往往能從『生生之謂易』中，找到自己經營企業『含弘廣大，品物咸亨』的大思路。從『日中則昃，月盈則食』及『亢龍有悔』中，尋找把握企業發展的尺度。從『處乎其安，不忘乎其危』中，清醒地看到不斷更新企業結構的重要性。」

當香港郭招金社長問到劉大鈞教授：《易經》與經營之關係時，他告誡說：「企業界一些有志之士，可以從《周易》中吸取中國優秀的傳統道德，從其高深哲思中，明白不斷完善並提高個人的德性修養對經營成功的重要性！」當國內一家著名大企業的總裁問到《周易》與經營的關係時，劉先生不無欣喜地以一幅聯語贈他：「易經首言富，繫辭論理財！」

當你打開這本《〈易經〉與經營之道》時，從冠以「自強不息」的第一卦（第一節）的「乾」卦，慢慢咀嚼讀下去，當讀完後，也許能悟出一點「大思路」，或「小啟迪」，而此悟

「道」之深淺，在你艱辛，甚或充滿著血與淚的商旅生涯中，此書也許能使你消除一點經營之路上的陰雲，抑或卻除一絲疲憊，增強一點自信，看到一點光明。於此，吾願足矣！

一九九七年五月十八日於聽雨齋

二〇一三年七月修訂

目次

第一節　自強不息

1. 乾卦

全卦皆陽。蘊含著像天如日，其性剛健，為君之道之意。

這一卦是《易經》的開卷首卦，非常重要，是「《易》之門，是《易》之蘊」，所謂「天地設位，而《易》行乎其中矣」。運用在經營之道上，可作為原則、精粹和成功與失敗的準則。

《易經》曰：「乾：元、亨、利、貞。」意思是說做任何事情，必須遵循其規律、原則。這個規律和原則便是「乾」。「大哉乾乎！剛健中正，純粹精也」。用現代意思講，經營是一門科學，一種藝術，一種事業。而「剛健中正」正是經營事業取得成功的首要條件。

作為一個經營者來說，際遇和成功每個人都有不同，儘管我們無法找到變幻莫測的成功之規律，但是作為一個從事經營的人，如果在他胸懷中，有一個「剛健中正」即光明磊落的正確原則作為指導，再加《易經》上所說的「天行健，君子自強不息。」的奮發進取精神，那麼，在經營生意上他最終會得到亨通，最終會得到成功的收益。我們在經營場上也常常會遇到一些心術不正，為了獲得暫時的近利和小利，在雙方貿易中運用各種卑劣、欺詐的手段，但從長期觀之，正因為喪失了《易經》告誡我們處事要「剛健中正」的商業道德，到頭來正適得其反。正如唐代韓愈所說：「誠有功，取其值，雖勞無愧，吾心安焉。」不擇手段地追求短期錢財，這決不是一個正當的經營者或企業家應持的態度，到最後他甚或受累，甚或墮入黑暗的深淵，累積而不能自拔，此類例子，生意場上屢見不鮮。大量觸目驚心的經營界中例子證明：作為一個出色的經營者，必須學習和遵循《易經》在乾卦上所講的：動機須純正，而且必須持續。此作為一個涉足經營的人，不可不察也。

《易經》乾卦上說：「君子終日乾乾，夕惕若，厲旡咎。」這是告誡我們從事經營的人，一天到晚，都要保持本分，保持常態，永遠這樣。不但如此，到了晚上，還要警惕自己，不可放鬆，必須努力不懈，商家要做好一盤生意，要頭腦清醒。當生意正在進行之中，真是「食無味」、「睡不眠」。一盤生意的行情、資訊要及時貯存在腦海裡，開始運作時要精於計算，計算後有盈利要開始操作，正當一筆錢（支票）從你手中劃出去後，還未安全「著落」時，你能不時時牽掛在心上嗎？現代市場社會，經營已滲透到每個角落，誠如松下幸之助所說：「國家需要經營，一個家庭需要經營，一個人要完成人生目標，也需要經營，只要有人類生存和活動的地方，就會有經營的細胞在運動。」在現代社會，經營已具有非常廣泛的意義。

易理告誡每個經營者時時要具備謹慎小心，日夜警惕，以防災禍的發生。我接觸過許多失敗的經營者，每遭挫折時總感歎說：「生意難做啊！」或者說：「這筆貨運到倉庫後，不再是搶手貨了，又積壓滯銷了！」造成這類情況的原因是複雜的，但一個成功的經營者，就得有大將風範，在錯綜複雜的事務中，頭腦必須保持冷靜，要抓住事物的本質，使自己「夕惕若，厲旡咎」，轉被動為主動。船王包玉剛，通覽其整個一生處事成功的秘訣，就是他在經營中，步步穩紮穩打，自始至終把整個精力集中於每件事的務實之中。人所賴者，唯以己心。我們經營唯盡心盡力地幹好眼前的工作，這才是追求幸福的至道，也是一個有頭腦素質的經營家走向成功的必由之路。

第二節　胸懷若谷

2. 坤卦

蘊含人處事應虛懷若谷，像大地一樣有包容性。

我們常常可以聽到民間的一句俗語，叫「和氣生財」，對這句話，年過半百的人是記憶猶新的。如何才能真正做到「和氣」？《易經》上早有啟迪性的回答，坤象曰：「至哉坤元，萬物資生」，還告誡說：「地勢坤；君子以厚德載物。」用現代語言闡釋，便是如大地一般有包容性，才能滋生萬物，如大地一般有虛懷若谷的精神品質，才能帶動事物向前發展。

人常常被說成是感情的動物，那種看不見摸不著的感情在人的心中時隱時現，永無休止。一個經營者或一個企業的管理者，時時要被繁忙的事務所困擾，當處事不如意，或被人不理解之時，難抑的感情，不時要突發上升。

我曾聽一位朋友說過一件事，他是一家公司的業務科長，經常為推銷業務，出差在外，三百六十五天，有一半時間以上在外地辛苦奔波，自己身感疲憊，而回家後，得不到家人的理解，不時要受妻子的埋怨（家中事務沒法處理）。同時，因未能完成承包任務，還要受到公司經理的喝斥，故時時感到要想發一場脾氣似的，總感到不是滋味。我又聽二位公司的經理也對我說過一段話，當在經營上碰到挫折或失利時，常易對別人或下級發脾氣，他直率地說：「我生來任性，是個炮筒子，心裡怎麼想，嘴上就怎麼說了，有時感情克制不住，就發脾氣，顯得粗暴，過後不論誰對誰錯，都像吃了砂子一樣，心裡後悔而難受！」

一個經營者，無論面臨順境或逆境，心中要冷靜、沉穩。尤不能讓非理智的感情牽著你的鼻子跑。《易經》坤卦中有一段比喻的話：「牝馬地類，行地無疆，柔順利貞。」牝馬是母馬，象徵女性之柔和，易理告誡我們，以性情柔順、寬厚的品格待人，處事就比較順暢、亨通。當然，柔順寬厚要有原則，堅持冷靜和客觀，柔而能剛，是處理事物的法則，同樣在經營之道上，無論今天得利了，或明天失利了，均應具備如大地般的包容和深厚無比的胸懷，一個經營者能磨練出一種「仰則現象於天，俯則觀象於地，近取諸身，遠取諸物」的虛懷若谷的氣度，那麼，無論處在哪種不利的位置上，他都能獲得自不待言的成功。你信乎？

第三節　創業惟艱

3. 屯卦

意蘊著萬事萬物的萌芽之中，雖艱難卻充滿生氣。

春天來臨，大地復甦。草木萌芽，充滿生機。但草木的萌芽，由於正處在生長發展之中，也充滿著艱難。但這種艱難卻是非常充實的。

《易經》屯卦「序卦傳」說：「有天地然後萬物生焉。盈天地之間者唯萬物，故受之以屯；屯者盈也，屯者物之始生也。」

「屯者盈也」，「屯者物之始生也」這二句話運用在我們的經營事業上，可謂是很有意思的話。所謂經營，就是核算盈虧的生計。當然也可以說「經營」猶如生命一般，它有懷孕期，有分娩期，也有萌芽生長期，更有成長壯大期，甚或有衰老期。經營事業，正如「屯」，它必然要經過一個開始和生長的過程，也就是說經營必然要經歷創業維艱的萌芽期。

那麼如何來度過這個經營上的萌芽期呢？《易經》屯卦象曰：「雲雷，屯；君子以經綸。」「經綸」是織布時理順紗線的意思，用以比喻策劃經營。人們常說：「大展經綸。」就是你要使事業有成，必然要肩負起經營的重任。像織布一樣，要織得一匹好布，必得先去理順織布機上的紗線一樣。經營是一門很高的管理科學，必須經緯分明，古人還未發明電腦，故只能用理順織布時的紗線來比喻有序的經營和管理。

一個從事經營的管理者，總要遇到各種各樣的困難和險阻，這猶如人生，不如意者有八九，真正如意時僅一、二。當經營者碰到困難和險阻時，是否應停滯不前呢？請看古人《易經》屯卦上的一句話：「求而往，明也。」意思是說，當你在矛盾相互牽制時；進退、取捨難以決定之時，還得要積極主動去「上下求索」，從不斷的求索中去另辟新徑，才能狀況明朗，找到出路，以全新的思維和方法去開闢生意之道。因為，事物總是在運動發展的，只要有困難和險阻的地方，也必然有一把新的鑰匙在等待著你！這是非常辯證的！關鍵是你必須花心智和辛勞去尋找這把鑰匙。

這把鑰匙是什麼？是現實的辯證法，也是一個經營者的辯證法。最後我想再饋贈讀者易理上的五句話，即：不曲不直，不遠不近，不破不立，不失不得，不屈不伸。願所有碰到困難和險阻的經營管理者，將會找到一把鑰匙，何時能找到？怎麼去找？得看你的智慧，《易經》曰：「求而往，明也。」雖只有五個字，其蘊意可深也。

第四節　授業解惑

4. 蒙卦

有啟蒙、受教育之意。

唐代韓愈在《師說》這篇有名的論說文中有一句頗具哲理、千百年來代代相誦的話。他說：「人非生而知之者，孰能無惑，惑而不從師，其為惑也，終不解矣。」意思是，人在處事中，總會碰到疑難的問題，有疑難問題，總要向別人請教。俗話說：「不恥下問」或「不恥相師」，即此意也。

從事經營管理，從事生意之道，亦萬萬缺不了「資訊」和「諮詢」。這和「下問」、「相師」是一脈相承的。故《易經》蒙卦象曰：「山下出泉，蒙；君子以果行育德。」蒙卦下卦為坎，像水，像泉；上卦為艮，像山，山下流出泉水，表示猶如啟蒙的兒童，剛開始受教育時像潺潺細流，但授業解惑後，最後力量就很大，像滔滔江河能滋生萬物。搞經營，做生意，三百六十行，不管你搞的是哪行，均要碰到「疑惑」或阻力，即《易經》所云：「蒙。」此「蒙」字，是泛義的。做經營被別人「矇騙」了，在買賣雙方驗收貨物時，在品質上被偽劣品「蒙瞞」了。這些都是在當今商海中常遇之事。這又使我想起一九九四年一次廣交會和上海的一次外商洽談會上成交的情景，都涉及服裝出口品質過關問題，某外商向內地某縣城訂了二批貨，總共是六萬套服裝（其中絲綢三萬套，棉服裝三萬套）。商檢時，有二十%均品質有疵病，外商要求退貨，內地兩廠家在商檢時，總帶著僥倖，想「蒙」混過去，但最終倒反賠錢。在正常的商場上，「蒙」是不行的。故《易經》蒙卦初六曰：「發蒙，利用刑人，用說桎梏；以往吝。」用現代意思解釋，就是對不自覺的被啟蒙者，開始時，必須嚴厲一點，要有約束感。如此，才能使商場經濟秩序有一定的規範。這對當前較為混亂的經濟活動來說，《易經》的告誡，讀來還是令人回味和有所教益的。有人認為，搞經營，做生意，只要懂生意經就行了，情操和受教育、受啟蒙，沒啥關係，其實不然。這是一種蒙昧意識。《易經》蒙卦曰：「蒙，山下有險，險而止，蒙。」意思是說，蒙昧必然有危險，那麼就停止不前，就會對事物的觀察蒙昧不明。用在經營之道上，蒙昧不明，必然做不好生意，特別是在外貿業務上，更要瞄準國際市場，決不能蒙昧不明，不明市場風雲的變幻，你還能在生意場上叱吒風雲嗎？「蒙」了怎麼辦？重要的問題是善於學習，孔夫子說：「三人行，則必有我師也。」這句話，確是啟蒙、解惑的格言，作為一個有抱負的經營者來說，你欲走向市場，通往瞬息萬變的國際大市場，要在市場中生根、開花，結出累累碩果，立於不敗之地，我想「知之為知之，不知為不知，是知也」是應該永遠記取，永遠思考的實用法寶。

第五節　耐心期待

5. 需卦

含有期待和躊躇之意。

人類能歷劫餘生。一部人類的發展史，一部人類的經營史都記錄了。誰能靠對前景的展望，靠耐心的期待和不懈的努力，誰就能獲得成功，就能「夢想成真」。

《易經》需卦就告訴了我們這一獲得經營成功的道理。「雲上於天，需；君子以飲食宴樂」，這意思便是：雲升到天上，必須耐心等待其自然發展而成為雨。而這「飲食宴樂」並非說你可以去吃喝玩樂、卡拉ＯＫ。而是說，當你展望前景時，須順其自然，耐心地尋找有利時機，不可爭躁冒進，待雲升到天上時，才能祈求慢慢下雨，也就是說，當時機成熟時，你作為一個經營者，才能行動，才能從行動中去獲得成功。

當然，期待並非「守株待兔」，而是在不懈的努力尋求之中，看到時機尚未成熟，即「瓜」未熟，你要去硬摘是不行的，硬摘未熟的「瓜」，那你肯定在經營事業上不能有好的收穫和成效，相反還要陷於困厄之境。當一個經營者陷入險阻怎麼辦呢？《易經》需卦上有一句話。

它說：「需於郊，利用恆，无咎。」還說：「需於沙，小有言；終吉。』用「郊」和「沙」比喻你遇到的困難和危險。可見古人打比方的含意之深和巧妙。《易經》告誡你，遇到困難險阻，用一個「恆」字來耐心等待，那就能无咎（解決困難）。雖別人有責難，但忍耐有恆，謹慎行事，你還是能獲得經營的成功。這一個「恆」字講的是辦事要有計劃、有科學的程式，有科學的謀劃，有科學的實踐時間和方法去從事你的經營活動。這才是你展望前景獲得成功的要訣。

我曾經碰到過一位成功的經營企業家，叫何魯敏，也就是撰寫《亞都物語》的作者。他從借二萬元開始辦企業，製造「亞都加濕器」，短短幾年，發展到年利潤達幾億元資金，這位經營家的成功，不由得使我產生由衷的敬意。而他成功的原因，正如他本人所講的，「能歷劫餘生，能兢兢業業，能自信有恆」。當然，要從事經營事業，不免會遭到各種困難，但他正如《易經》所云：「利用恆，无咎。」從「恆」中培育了強烈的信念和責任感。我勸讀者，值得把《亞都物語》一書品讀一遍。也許，對我們經營者來說，能使你吸取一些有益的養料。讓你的經營之花，開得更美。

第六節　慎終如始

6. 訟卦

含對事物的爭論和訴訟之意。

老子有一句很有名的話，值得我們的經營企業家記取和思考，他說：「慎終如始，則無敗事。」這和《易經》訟卦中的告誡可謂同一道理：「天與水違行，訟；君子以作事謀始。」意思是說，天在上，水在下，因運動的方向不同而引起爭訟糾紛。這是古人的一個比方，究其根本的原因，還是在教誨我們在做一件事情開始時，就應該自始至終，謹慎考慮其後果。一個企業的經營者在一盤生意的運作前，能考慮到一盤生意運作中可能會發生哪些意想不到的事。並預先作了一些謹慎的準備措施，如此……慎終如始」的操作即可減少或避免一些損失甚或失敗，並預先防止不必要的爭訟的發生。當然，經營是一件複雜紛繁的事，不免有紕漏發生，但發生爭論和訴訟，對經營者來說，畢竟是得不償失的事。不經三思，就即刻草率行事去「對簿公堂」，從我經營的經驗來看，終不是滋味。能避免者，則儘量避免。故《易經》曰：「訟：有孚窒。惕，中吉，剛來而得中也。終凶，」又諄諄勸誡說：「自下訟上，患至掇也。」意思是說：當雙方發生經濟糾紛，出現爭訟之兆時，必須時時警惕，儘量不要把事情的發展引向極端程度，反之，必顯凶象。並又告誡我們，在經營活動中對有些訴訟，本可通過謙讓反省以求化解，但有些逞強者卻往往是自己去招惹而產生的。「患至掇也」，「掇」是自取的意思。

我曾碰到許多經營者和法院辦理訴訟案子的朋友，在當今經濟活動較為混亂之際，到處會發生經濟糾紛，訴訟案子屢屢發生，使大家深感頭痛。就是勝訴者，也得不到最終的結果，苦於無計可施，僅剩像搞「特工」般「神出鬼沒」，「奇兵伏擊」去「封存對方帳戶」一計可行；但當前有地方保護主義在庇護，有銀行多頭開戶，故此絕招亦不「靈」了。如某地有一家銷售公司花了三年時間打了八樁官司，從地方法院訴訟到中級法院，直至高等法院，其總經理每說到此類令人頭痛的經濟訴訟，總要對我歎苦經道：「曠日持久地打官司，打呀，打呀！把有用的時間都打完了，精力打完了，生意打完了，客戶逃掉了，結果是莫名其妙，最終難分勝負，打完了上百萬元的錢，真是竹籃子打水一場空！」

有人把「打官司」形容為「和女人去拌嘴」一樣毫無意思。此話不完全對，但有一定道理。可惜的是有些經營者，一碰上爭訟，卻怒上心頭，決不甘休。似乎有「拔劍而起，挺身而鬥」之狀。

其結果呢？正如《易經》說的「訟不成也」。「以訟受服，亦不足敬也」。意思是說，爭訟的發生往往是有些人內心險惡，或行為過於剛強，或對一盤生意一開始時就缺乏周密考慮，過於樂觀，耽於幻想而造成。故易理認為，對爭訟也許是難於避免的，但告誡我們要盡力克制自己，除非萬不得已，盡可不必爭訟，因最終難於達到你理想的目的，有時反使自己陷入左右為難的泥潭中去，宜於化解的盡力化解，不可拖延時日，避免曠日持久，浪費人力物力，應以智慧去取勝。

這方面連我們儒家的老祖宗孔子也反對爭訟。他在《論語》「顏淵」篇中就說過：對訴訟，對裁判，我也和他人一樣，但最好還是不要去「對簿公堂」吧。

此老祖宗的話，不無道理！

第七節　嚴明之師

7. 師卦

「師」是指軍隊和戰爭的意思。

《易經》師卦「序卦傳」上說：「訟必有眾起，故受之以師，師者眾也。」這是說宇宙萬物的演進，由爭訟終於發生戰爭，所以一部《易經》在排列上，訟卦之後便是師卦。商場似戰場。當經營的貿易雙方在爭訟不下時，如不克制自己的感情，是很容易導致動武的。可以說一部近代史就是一部血跡斑斑的流血史，字裡行間無不透射出爭奪利益的商場戰爭。一八四〇年的鴉片戰爭，就是一場經營貿易的利益之戰。當時的英國急於輸出棉和毛紡織品，但在中國卻都缺乏銷路，而中國銷英茶葉每年約值上千萬銀元，絲和絲織品約二三百萬銀元，合計在六百萬英鎊以亡，在那時正當的貿易平衡有利於中國。於是，英國東印度公司就非法進行鴉片貿易。這正如馬克思在《鴉片貿易史》中說的：「浸透了清朝的整個官僚體系和破壞七宗法制度支柱的營私舞弊行為，同鴉片煙箱一起從停泊在黃浦的英國輪船上偷偷運進了天朝。」最後導致了中英鴉片戰爭。我們可以說一八九四—一八九五年的中日甲午戰爭，說到底也是一場貿易的戰爭。我們還可以說，在今天世界上發生的一些流血的軍事戰爭，歸根到底還是由於利益發生不平衡而引起的。

如果一旦真的發生了貿易戰，那麼一個很好的統帥和一支嚴明之師就顯得格外重要。故《易經》在師卦中又說：「大君有命，以正功也。小人勿用，必亂邦也。」這就告訴了如果運用在經營上，也同此理，就是「小人勿用」，即要選擇有素質的人來經營，反之，「必亂邦也」，就是說你用了素質差的人去經營，那麼你的經營事業必然被弄得一塌糊塗，必敗無疑。

《易經》還強調：「師左次，旡咎。」並說：「左次旡咎，未失常也。」這用現代語言講，就是當你處於不利地位（左次），本無勝利之可能，但自能量力地據守（左次）高地，不輕舉妄動，那麼仍然旡咎（沒有危險）。

以此同理，應用在經營上，也有一個待機而動的經營原理。在激烈的市場競爭中，當沒有能較準確地掌握市場訊息，沒有瞄準市場的確實把握之時，也就不能輕易把自己的經營目標和經營主攻的方向暴露給對方，以招致應該是你搶先佔領的市場，卻被別人預先佔領了。經營和戰爭雖性質不同，所用武器和方法不同，但它們的原理和韜略卻是一對孿生兄弟。商場亦常用軍事戰爭中的戰略和戰術。他們都帶著「風」和「雨」甚至「血」和「淚」的殘酷激烈的猶如軍事戰爭式的搏擊。任何一場軍事戰爭和商貿戰，都有一個能否準確無誤的決策和判斷的問題。這都需要「謀道」和「技巧」。但脫離不了策略上的大智慧的「悟道」。只有謀上「悟道」，才能得經營規律之道，經營技巧之道。此無論運用在戰爭上或經營上，是同轍一理的。不同的只是有無硝煙而已。

第八節　義利歸位

8. 比卦

「比」者，含相親相輔之意。

近期，電視臺先後播出由著名知青作家葉辛撰寫的《孽債》電視連續劇，收視率甚高。爾後又閱讀到〈老三屆文化熱透視〉一文。

以我之管見，無論是看電視連續劇，或閱讀有關「老三屆」的文章，從深層次觀之，這裡還是涉及到「義」和「利」歸位的問題。有研討者認為：判斷經濟活動的健康發展和成功與否，是應以「利」為標準，而判斷倫理道德方面卻應以「義」為標準。我卻以為不然，我認為兩者應該是統一的，是相成相輔的。我的根據，還是那部博大精深的《易經》，以及人類經濟發展的實踐活動來證明。

《易經》象曰：「比，吉也，比，輔也，下順從也。原筮，元永貞，无咎，以剛中也。』用現代意思引申，即世間做任何事情（當然也包括「義」「利」在內），能做到相親相輔者，肯定是吉祥的。從經營角度出發，一個經營管理者，首先要「效益」，這是無疑的，一個企業如長期處於低效益，那肯定不能生存下去。但要獲得「高效益」，關鍵還是在一個經營企業組織內，要造成：下主動服從上，上主動親近下，相互輔助，那麼這個企業肯定是進入最佳的管理狀態。如果一個經營企業家能把自己的經營天地造成這種局面，不用說肯定會引發出這個企業的管理效率和效益，只有實現了這類管理上的良性循環，也就是實現了「義」和「利」的取值統一，才能使你的經營事業獲得真正的成功。時下，許多造成「窮了廟，而富了和尚」的企業虧損狀況，便是在價值取向上，背離了「義」和「利」的統一而造成的。故《易經》還說了一個很好的比喻：

「有孚比之，无咎；有孚盈缶，終來有它，吉。」

「孚」，「誠信」的意思，「缶」是古代盛酒的瓦器，說明人與人之間，由誠信開始，相輔相助，才會有成功。如果一個經營者以誠信為本，以誠信開始，那麼就像在瓦器中裝滿了好酒，必然就會有人前來依附，那麼也必然會獲得好的效益。古云：「上下同欲者勝。」大概便是指在「義」和「利」上的認同和統一的道理。

但是，做好「義」「利」的歸位，還要看相親相輔的對象，這方面《易經》還告誡我們：

「比之匪人，不亦傷乎！」意思是說不應相親相輔的人，你卻用了「相親相輔」對待，那麼也會使你的經營事業走向失敗。我想，這方面在時下經濟秩序比較混亂狀況下，一個經營者如果不看對象地去相親相輔，肯定會「嚐到苦果」，肯定會「叫苦不迭」。

所以《易經》又指明了我們經營者要和什麼樣的對象開展正常的經營往來：

象曰：「外比於賢，以從上也。」

這句話，對一個卓有見識的，甚或因為在經營上不看對象而嘗到過「苦果」的經營者來說，可體驗的內容和含義甚深，我想不作詮釋，留有「空間」，每一個經營者自己去體味，也許更有收穫。

第九節　靜以修身

9. 小畜卦

含事業碰到小的阻礙，因而要注意蓄積的道理。

諸葛亮曾以《誡子書》告誡其子諸葛瞻：「夫君子之行，靜以修身，儉以養德，非澹泊無以明志，非寧靜無以致遠。夫學須靜也，才須學也。」

諸葛亮是一位政治家，亦是一位傑出的軍事家。在他告誡兒子時，突出了一個「靜」。如「靜」可修身，「靜」能致遠，學必須「靜」也。

那麼，在當今紛繁複雜、競爭激烈的市場經濟中，作為一個經營者，要立於不敗之地，必須精於商務，拓寬視野，勇於創新，但要做到上述幾條，就務必要「才」，而如何得「才」，卻唯有學習。而「學」卻須「靜」！人們常說，經營須多「動」；多動則能多賺錢，但我卻認為不全然如此！時下我們的經營家所缺少的正是一個「靜」字，正是諸葛亮對他兒子所諄諄告誡的學須靜也！有時，「靜」比「動」在漫長的商旅生涯中顯得更為重要！

《易經》小畜卦就啟迪了我們上面提到的這個辯證的道理，象曰：「風行天上，小畜；君子以懿文德。」意思是說，風行天上，但還沒有普降甘霖，象徵降雨之前的暫時停頓，而君子正應借此停頓而等待的時光，做好靜以修身，提高自己的才德的準備。對於一個經營企業管理者來說，當在經營中，遇到小小的阻礙或有曲折時，正需要記住一個「靜」字！應「靜」下心來，控制自己，仔細思考，如哪些經營條件尚不具備，哪些欲想擴展的經營事業，時機尚不成熟；哪些資本金的積累尚不足周轉，哪些經營項目已負債率太高，是難以長期維繫下去的等等。一個經營者要實事求是地思考這些經營決策，是非得學會一個「靜」字不可的。沒有一個靜心思考的過程，沒有一個「靜以修身」的自我完善的過程，往往在經營上處處顯得「倉促」，而倉促應戰會導致經營上的失策或失敗。

搞經營，做生意，辦企業，小畜卦闡釋的含意是一時受到困頓和曲折時應怎麼辦？應如何做好積蓄的準備，為下一步的取勝創造條件。「畜」不只是物質的，還須智慧的畜積。

諸葛亮對他兒子的教誨，加之《易經》的告誡，怎不令人深長思哉！當你在經營事業上碰到有這有那的困頓和挫折時，你是否需要「靜」！是否需要「靜觀」，是否需要「靜省」，我們經營事業上的同道和朋友，結合你的經營實踐活動，你以為然否？

第十節　履行責任

10. 履卦

闡述實踐理想，履行責任的原則。

昔孔子論政曰：「足食，足兵，民信之矣。」事後他的弟子子貢向老師提出：「如必不得已，而去，三者何先？」孔子答曰：「去兵。」子貢又問：「再必不得已，於二者何先？」孔子則答：「去食。」其斷語則曰：「自古皆有死，無信不立。」

「信譽就是生命」，這是孔老夫子的斷言。這至理名言，對於現代商人，一個企業的經營管理者，無不應時時記取。如果有人問一位廠長經理：「資金」、「廠房設備」和「信譽」，這三者只能取一，你撿哪個？這種問題也許便是考驗一個企業經營管理者的重大問題，亦是檢驗一個廠長經理對社會有無責任心的問題。舉一簡例：如有了資金、廠房設備，而無「信譽」無「社會責任」，你生產了很多假冒偽劣產品，有害於社會，那麼這些資金、這些廠房設備對社會有什麼益處呢？在現代社會，一個有作為的企業經營管理者究竟應履行什麼責任，《易經》履卦，就闡述了這方面的原則。

《易經》象曰：「上天下澤，履。君子以辨上下，定民志。」履卦下卦是兌，像澤，上卦是乾，像天。天在上，澤在下，各在正當的位置上。這就道出了一個現代企業的經營管理者，其責任是什麼呢？責任便是「信譽」！（取信於市場和用戶）只有具備信譽才能長遠地創造財富，造福於社會和人民。如違背和不履行這一「責任」，那就談不上是一個真正的經營企業家。在「百舸爭流」的商場上，最終會敗下陣來。

《易經》還說：「素履，往旡咎。」「素履之往，獨行願也。」用現代意思詮釋，便是說在商場上，有許許多多外界的誘惑（甚至包括有的商家不講信譽，不擇手段·反而還賺了錢），當這些迷惑不解的事擺在你面前時，你如果仍能本著平素地講信譽，獨立前往，不隨世俗，不同流合污，那麼，商場上最終的吉祥和成功者一定是屬於你的。

一個講信譽的經營者，就算碰到曲折和危險，也不礙事。你看《易經》比喻得多好：「履虎尾，愬愬終吉。」意思是一個有信譽的商人，就算踩到了老虎尾巴（喻碰到困難），還是能避免傷害，仍能施展你的商業抱負，當然吉祥。

令人深思的是，這幾年商界人士紛紛感歎「生意難做」，這話確是事實，但說穿了並不奇怪，因為前幾年較為容易的賺錢生意，已經隨時間而過去了。時下市場，光靠閃光的廣告，光靠新產品展銷，搞些讓利打折，光靠什麼抽大獎等等已收效甚微。靠什麼？這就提出了更需要智慧，甚至需要點「大智慧」！這是時代創新的要求和趨勢所在。

這「大智慧」便是「無信不立」！從長遠的眼光看，一個經營者的「成」與「敗」，「得」與「失」，有時就差這一念。不知你信否！

第十一節　否極泰來

11. 泰卦

蘊含亨通、泰平之意。

《易經》「序卦傳」說：「履而泰，然後安，故受之以泰；泰者通也。」意思是說，一個企業的經營管理者，經過艱苦卓絕的努力，當原先確定的奮鬥目標經過實踐後，接著出現的將是安泰的局面。但是，一個經營者，要能不間斷地在激烈的市場競爭中，始終立於不敗之地，享受安泰的局面，此絕非易事。在經營的天地裡，在漫長的歲月跨度裡，能永保青春，日新月異，能不斷改變和創新，確對經營者是一個嚴峻的考驗。如何通過一個管理者自己手中的權力去革故鼎新，去有效地調節各種矛盾，使企業天天有進取、有變化、有安泰和諧的局面。這確是一個經營家每天必須思考的問題。

《易經》泰卦象曰：「泰，小往大來，吉，亨。則是天地交而萬物通也，上下交而其志同也。」意思是說，天地之氣，互相交感，而萬物得到亨通，上下之間，「心」和「志」相通，這就達到了互相溝通，上下暢達，相互協調，相互合作的局面。一個經營的企業，能重視「創新的人力資源的管理及發展」這門課，那麼，在經營事業上，才能真正做到「否極泰來」。在一個現代企業中，有什麼比人更重要呢？故《易經》泰卦象辭還告誡我們說：「內陽而外陰，內健而外順，內君子而外小人，君子道長，小人道消也。」

這用現代意思詮釋，是講一個經營管理者若十分重視良好的人際關係，能以企業的發展為重，能堅持正義，心胸坦蕩磊落，那麼必然正氣上升，邪氣消退。對下的承諾須切實擔責，並要真心實意地尊重下屬，的意見，及時對員工的貢獻作出讚賞和鼓勵。這些都是一個經營企業獲得成功的有效的運作基礎。如此，企業內部必然強健，而表面在外的卻依然應該謙虛和柔順，這樣，小人（素質差的經營者）必然消退，企業經營勢必蒸蒸日上也。

「否極」會「泰來」，但如不注重居安思危，掉以輕心；事物發展到一定階段，辯證的原理告誡我們，在事物的「臨界點」上，稍一不慎，即走向反面，故而也會出現「泰極否來」的頹敗局面。《易經》泰卦六四象曰：「翩翩不富，皆失實也；不戒以孚，中心願也。」告誡我們，如取得了成功，就表現出對事物「輕飄飄」（即「翩翩」），在決策上輕率冒進，那就不可能保有財富。輕率冒進必然造成局面被動，因為他忽視了許多客觀因素之間相互制約的關係。

翩翩不富，皆失實也。一個經營者如經過努力，出現了「否極泰來」的大好局面，此時如失去了憂患意識，對企業在經營決策，企業擴張，人才管理，資金應用，投入產出諸問題，表現出「翩翩」之輕率，皆失實也，即說明了此企業已失去了應有的堅實基礎，那麼，在沙土上造起的「巴比倫」塔，必然要倒塌的，作為後人不能不明察也！

第十二節　防患未然

12. 否卦

蘊含受到逆而不順之意。

《易經》「序卦傳」說：「泰者通也。物不可以終通，故受之以否。」俗話說：「人生不如意時有八九，如意僅一二。」對於一個有著數年以上經營的經營者來說，「逆而不順」，可能是「家常便飯」。恰似數日前一個經營者在電話中對我說的一句話：「經營者，其實恰如鴨子在池塘中游水，那塘中的水草時時會把鴨掌絆住。」此話自有良知。那麼，遇上經營上不順之時，應如何解脫而轉順呢？

《易經》否卦象告誡我們：「天地不交，否；君子以儉德辟難，不可榮以祿。」「儉」意為約束，「辟」與「避」同。此意可詮釋為：一個經營者在生意場上有困頓時，遇有心懷叵測之競爭對手時，要忍住氣，要收斂自己煩躁之情感，不可炫耀，以免發生被生意場上的對手，突而一擊，使你敗下陣來。不可因對方給你所謂豐厚而假像的盈利，而蒙蔽了自己的智慧，被誘上當。經營，是利益的交換和互利的構建，失敗與成功，其根源還在於一個經營者對「順」與「逆」之對策。故《易經》否卦上還說：「其亡其亡，繫於苞桑。」「苞桑」，是指樹木的根。意思是說，一個經營者的失敗，主要決定自己這個「根」上。要使自己的經營事業轉危為安，轉逆而順，應謹慎從事，相機而行。

近一二年來，隨著市場經濟的大戰，沒有相機而行者，頭腦沖昏者，往往如「多米諾」骨牌，一牌又一牌相繼跌倒，有一原是「常勝」將軍的經理，亦常在電話中對我訴苦：「如此經濟，再不回升，撐不住半年，怎辦？」

我對他說，讀點《孫子兵法》吧，他卻說：「現在如救火隊，哪有心思讀呢？」我說「讀它一段」。那位經理著急地喊道：「哪一段，快說？」

「主不可以怒而興師，將不可以慍而致戰。合於利而動，不合於利而止。」

他聽後說：「有點道理。」似乎有啟而喜。殊不知中華民族文化的首要經典《易經》否卦上已早告誡我們說：「傾否；先否後喜。」「否終則傾，何可長也。」防患於未然，慢慢總會走出困境，生意上也會轉逆而順，這也正是從我們經營實踐的長期探索中獲得的。

第十三節　以心為本

13. 同人卦

含團結與和諧之意。

一個企業經營成功的秘訣究竟在於什麼？對於這類問題的探討可以說眾說紛紜。有的企業經營管理者，往往還是停留在產品成本、產品結構、行銷手段、市場的佔領等方面苦思冥想。殊不知對於經營成功的秘訣卻還有一個更深層面的構建，那就是企業還必須有一個良好的經營哲學作為指導。與「經營之神」松下幸之助齊名的經營大師，日本京瓷株式會社董事長稻盛和夫於一九九五年十月九日在人民大會堂作了題為「為什麼企業經營需要哲學」的精采講演，使經營者受益匪淺。他說：「經營成功，不在於什麼特別的技術，而在乎有一種讓職工們團結起來的哲學。」這便是「以心為本」的哲學。這也是經營成功的力量所在。

《易經》同人卦便告誡了我們這一經營的哲學思想：「同人於野，亨，利涉大川，利君子貞。」這句話用現代意思詮釋，便是說：「在曠野中集合群體（意即團結別人）象徵在廣闊的範圍內，公平無私地與人和同。那麼，做任何事，便會獲得順暢，亨通。」所以用有利於涉大川來作為比喻，使企業在經營上可以達到無往而不利的地步。

稻盛和夫對經營成功的秘訣深有體味，他指出在經營活動中「人心比什麼都重要」。他還說：「人心變得確實快，有時也靠不住，但反過來說，世界上再沒有什麼比人心的團結更加牢固的東西了。」

那麼，一個企業的經營者，如何才能做好「人心的團結」呢？在這方面《易經》告誡我們幾條：第一，「天與火，同人；君子以類族辨物」。意思是說，一個經營企業家在對事、對人的處理上，要重視「相同」的東西，不可計較「小異」亦便是「以類族辨物」。第二，「出門同人，又誰咎也」。意思是說，一個企業的經營領導者，辦事要超越一門之內的狹隘的「關係學」，打破門戶之見，這樣辦事就旡咎（無過失），第三，「同人於宗，吝道也」。意思是說，要打破宗族觀念。

今天，在向市場經濟轉軌時，有些鄉鎮企業或私人經營企業，在開始階段，是從宗族結合的管理模式起家的，但借鑒國外成功之經驗，如僅一味停留在家族式經營管理模式上，勢必不能繼續發展壯大。要發展壯大，必須要超越和突破這種模式。如走向股份有限責任制，再走向集約化、法制化現代經營管理模式，這樣一個經營企業家才能成功並走向二十一世紀的更為廣泛的經營天地中去。

《易經》的同人卦，從中華文化背景上來透視，日本經營大師稻盛和夫在人民大會堂講演的「以心為本」的經營哲學，實質上還是圍繞「以人」、「為人」為核心的發展經濟的哲學思想，這不過說明了日本經營大師，把我們優秀的經營思想移植過去並認真去做而已。而我們呢，只要再借鑒別人已經獲得成功的經驗即：「企業經營需要良好的經營哲學」，再去學習和實踐，「來日可追，為時未晚」也，只要我們認真去做，在我們土地上，在我們的周圍，不難出現我們自己的「松下」、我們的「西門子」、「稻盛和夫」等經營大師。歷史將會呼喚這些大師的出現！當然，這是歷史的發展規律，是曲折的。有時甚至會偏離這個經濟發展的規律，但這偏離本身，亦是一種規律。

第十四節　滿而不溢

14. 大有卦

含和同即能大有，大有促進和同之意。

近讀《文匯報》載〈上海銅帶公司企業文化建設巡禮〉一文。閱畢深有感觸：走進這家企業，人們可以看到，各車間、各工序被管理和銜接得井然有序，上班時間見不到閒得發慌的人，無論在廠區哪個角落覓不到一丁點兒廢銅爛鐵，綠化區裡找不到一棵被折斷的花卉樹枝……

我曾聽到省城一個成功的企業家在一次研討會上發言時說：「為什麼一些企業能把自己的潛質發揮到盡致狀態，從而在人們呼叫著經濟不景氣時，他們仍可發揮潛能，依然使企業處在早晨八九點鐘的太陽時期。」

這真是個頗值深討的好問題，當時我也被邀參加座談。當時在座人員一時均難於回答這個提問。

過不多久，終於在眾多企業家交流各自經營管理心得時把謎底揭開：「因為有許多企業家只看到自己的才幹和潛質，而忽略了企業職工心中所能發揮出來的本身潛質並加以運用。」

因為企業的經營是人與事的合理配置。就是說經營業務的關鍵是人，行業本身是事，二者都要知己知彼，長處和短處在互補後才能百戰百勝。《易經》在大有卦上曾告誡說：和同才能大有，大有才促進和同。這是經營之哲學，但在實踐上往往被人忽略！《易經》大有卦象曰：「大有，柔得尊位大中，而上下應之，曰大有。其德剛健而文明，應乎天而時行；是以元亨。」此意即闡述，一個企業領導者，不但要發揮自己的才幹，還必須與人和同，去盡力發揮同道人的潛質才能。如此，物和人必歸附，故為大有。《易經》上說的「日上升至天上，與天相應必得人心，故大吉大利」。這是同一道理。一個經營管理者如能管理到這樣一種最佳狀態，就需要具備與人同道、與天相應（意為合乎規律辦事），天人感應吉祥得利的素質和功能。如此，企業必然是欣欣向榮，有強勁的凝聚力。難怪上海銅帶公司領導者楊永耀自信地說，「給每個職工成名的機會」要成為公司的座右銘，讓每個職工在每個崗位上，在每時每刻，充分發揮潛在的素質。這是絲毫不能忽略的長遠眼光。

一個具有遠見的企業家，必具經營的戰略頭腦，毫無疑問在看準了業務的前景，在整體投資及經過嚴謹的規劃後，就要重視和同，溝通上下，不計小異，謙虛待人，為異而求同，為求同而助異。這是求得管理成功，企業發展的基本法門和訣竅，否則，反其道而行之是很可惜的事。

所謂「滿而不溢」，含意廣深，而此舉卻更為重要！

第十五節　盈而益謙

15. 謙卦

告誡人不可以自滿，必須謙虛。

在整部《易經》的六十四卦中，唯有謙卦、六爻都吉利；這足可證明自古以來，在悠久的幾千年歷史進程中，凡要獲取成功的經營管理者，唯謙虛為極致、為奧秘。也許這麼說，如今馬上會有人詰問我：「時下經營致富的人，許許多多沒有把『謙虛』當一回事。而不謙虛者，反能獲利！」可是「朋友，且慢！這是短命的！」由於經營業績是一連串長期的競爭，不是一朝一夕過眼雲煙之事，須知「風狂雨急時立得定，方見腳跟」。時下多少人在市場經濟的風狂雨急中，由於稍一驕傲不慎，在股票、期貨、房地產開發中，已漸漸不能立住腳跟，如果金融銀根繼續勒緊，終將慘敗。

故《易經》總告誡我們說：「謙亨，君子有終。」便道出了謙虛不自滿，才能使你在經營業績上走向輝煌的終點。歷史生動地證明了，經濟與文明相映成輝，而文明的增進，必然帶來生產力的革命。而文明的最重要的睿智，便是「謙虛」。再讀《易經》象曰：「地中有山，謙；君子以裒多益寡，稱物平施。」「裒」同掊，即「減」的意思。用現代話說：「地中有山」，即卑下中有高貴，象徵謙虛，也可以用到對一個經營管理者來說，應效法這一精神，使多餘減少，缺少增多，衡量事物，精確核算，使其均衡，互惠互利。這恰如中國十大商邦之一的徽商，在做經營時，總喜歡恪守「誠實不欺」、「公平守信」、「利以義制」等經營特點。這些特點在恆長的經營史上，是促其成功並獨佔鰲頭的重要經營之道。

孔子總說：「謙謙君子！「謙謙」，就是告誡我們的經營者在每走一步經營之路時，必須謙虛再謙虛的意思。遠在一百三十年前，日本經營企業家澀澤榮，就是遵照了這一思想，一手拿算盤，一手拿《論語》，而取得了經營事業上的巨大成功，在《易經》上還有一句話叫：「勞謙君子，有終吉。」這意思就更進了一層，是說一個經營者在付出辛勞的代價獲得了成功後，還必須牢記謙遜，像這般的經營家必然永存。反之，在生意場上則是曇花一現而已。辛勞而又謙遜是致富的根本原因，余秋雨先生在《文化苦旅》中提到的江南鉅賈大富豪沈萬三正是這樣一個人物，他出身貧苦，勤勞捕魚為生，民間傳說他救了青蛙的命，而獲得聚寶盆，從這一細節表現了他的善良和謙遜的內在素質。他從一般的樂善好施，發展到支援農民起義（前有張士誠，後有朱元璋）；他從一般的修橋鋪路，發展到重金修築南京城，在當地農民眼中是一個付出辛勞而又謙遜的理想人物。這中間飽含了我們中華民族傳統文化致富的典型。「謙虛」、「謙讓」可以說是取勝和成功之道，古代歷史上朱子的弟子曾懷疑「謙」的作用，而朱子卻回答弟子說：「謙讓，恰恰是兵法的極致，這是以退為進，導致勝利的原因。」《孫子》中說：「始如處女，敵人開戶，後如脫兔，敵不及拒。」都說明了「謙」在戰略上的運用。經營之道，也無不如此呢。

怪不得八〇年代初，全世界一批諾貝爾獎金的獲得者在巴黎發表了一個宣言，其中有驚人的一段話：

「如果人類要在二十一世紀生存下去，必須回頭二千五百年，去吸取孔子的智慧廠此話頗值思考和回味。而孔子最大的智慧，便是《易經》謙卦上所提「謙虛」。朋友，如你有興趣，可讀《易經》謙卦一節。並與您從事的經營實踐結合起來，也許能使您悟出「經營」的真諦！

第十六節　樂極生悲

16. 豫卦

告誡人處事應居安思危，不可自鳴得意。

在經濟普遍不太景氣，面臨資金周轉困乏之際，在內貿三角債（甚或有人謔為五角、六角債）之鏈一時無法解開的狀況下，許多企業經營者，逐一轉向進出口貿易上去，國外客商從我們不屑一看的洋蔥大蒜到名點心、鮮蔬菜均可轉運獲利。故如能打通門路，獲得訂單，進出口貿易畢竟是有作為的。但進出口貿易，如無貿易經驗、無經營之道，功虧一簣的也不乏其人。胡雪岩有一句話對我們做進出口貿易的經營者，不無借鑒之意，他說：「買賣雙方，一進一出，天生是敵對的，有時買進佔便宜，有時賣出佔便宜，會做生意的人就是要兩面佔便宜。」當然，胡雪岩之語對真槍實彈的實際操作者來說談何容易，買賣雙方，都不是傻瓜，但有些經營者能做到「佔便宜」（即獲利也），抑或能做到占兩面便宜（即獲利更豐滿），這是指經營者在一定的時空狀況下，所面臨遭遇和機會之不同，經營的天地具有多種多樣的變化和差別，一個兩面能佔便宜的經營者，就必須潛入到眼花繚亂的外表現象的深處，去符合經營的客觀實際，但作為一個經營者如何去符合呢？

「介於石，不終日，貞吉。」還說：「不終日貞吉，以中正也。」這是在《易經》上就告訴了我們的。作為一個經營者，唯獨在複雜的經營事務中，要像石頭一般堅定不移地保持頭腦的清醒。「不終日」，即在一天每時每刻之中，隨時要慎思明辨，看破吉凶，並要保持個人心靈的純正，才能獲得經營上的成功以達到「貞吉」也。

試看：在我泱泱大國的經營天地裡，從南到北，從東到西，被坑、被騙、被詐、被拖欠著貨款、被三角債拖垮的企業，真可謂「滔滔天下皆有也」。我們的經營者，不用說雙面獲利，就是單面獲利也難著呢。當然近幾年來，由於法制尚不健全，下海經營者似乎獲利較易，而有了錢，耽於享受和安樂的經營者可謂多見，在流行歌曲、卡拉ＯＫ、陪酒女郎大行其道時，許多競爭者樂而忘憂，正如《易經》在豫卦上一針見血地告誡說：「冥豫在上，何可長也。」「冥」是指昏昏然。用現代語詮釋即：一個經營企業家，如不警鐘長鳴，昏昏然，不善經營而又自鳴得意，樂而忘憂，那麼在激烈的市場經濟大潮中，他那份經營上的成就，能保持下去嗎？

回答是肯定的：不是奄奄一息，必是樂極生悲。「乎波如鏡漾晴煙，正是山塘薄暮天」，一個經營者在生產一隻產品亦好，在生意場上運作一盤生意也好，如老沉溺於「自我感覺良好」，老是「以其昏昏，使人昭昭」，沒有市場經濟的憂患意識，等待你的，終不會是「旭日東昇」，而趕上的永遠是「落暮」時分。那不是冤哉枉者也，「竹籃子打水一場空」。做這般經營家，何必呢？

第十七節　生生不息

17. 隨卦

它的外卦為澤，內卦為雷，故曰，澤雷隨。這是古人在當時認為天上的雷聲隨水的波濤而出的意思。

《易經》隨卦中有句名言：「隨，剛來而下柔，動而說。隨，大亨，貞无咎，而天下隨時，隨時之義大矣哉！」意思是說，宇宙萬物在不間斷的轉變中，在某一時間的某種現象的橫斷面裡，在社會層出不窮的新生事物的自然進程中，要善於謙虛地去追隨合乎事物的邏輯，按著事物既定的發展程式和軌道來確定自己的工作進程，對客觀的規律要相隨相從。如此，那麼無論是一個企業的企業家，或是從事商業的經營者，才能在經營的天地裡，永遠追隨著生生不息的時代激流。如果，一個企業經營者，一味貪圖急功近利，而捨去合乎時代發展趨勢的那種生生不息的事物，那註定必敗無疑。

真是無獨有偶，古代《易經》中隨卦所述的原理，正可體驗在由企業家韋納．西門子和他的夥伴哈爾斯克技師在一八四七年創辦的德國西門子公司的事業發展史上。這個當初僅由兩個人創建的公司，已發展到今天有三十七萬職工的世界電子領域前六名的大跨國公司。他的分支企業已遍及歐洲、美洲、亞洲、非洲一百多個國家。

德國西門子電機事業所以能永保其企業繁榮昌盛的根本秘訣，西門子人有一個堅定的信念就是：「永遠追隨任何新生事物的發展，並在其自然進程中，緊緊抓住那些和平時代和合乎情理的東西。」這是西門子事業發展了一百多年，一輩一輩的繼承者們，永遠追隨奮進不息的基調。

這是智者遵循的基調。如同夜晚跟隨白天，冬天追隨春天。這是一種極其自然的追隨。只有能夠永遠追隨時代發展的，合乎情理的東西，只有不斷追隨企業創新的人，才能真正稱得上是個企業家。所以，「企業家」是個有特殊意義的詞兒。正如《易經》在隨卦中告誡我們的，在不斷運動的宇宙萬物中，人生在其中，運動在其中，追隨在其中。一個個企業在時間的跨度中，在永不停息的發展經營中，追求著什麼？也許會有人馬上回答說：「企業家追求的是高效益。」

這是對的，是毫無疑問的事，但是生意的競爭不是短時的高效益，是必須經得起時間跨度的考驗和挑戰。許多企業的經營，一時看來，突飛猛進，火旺得很，財務報表上體現了很充實的盈利，但是好景不長，很快就陷於困境之中而不能自拔，曇花一現，瀕臨倒閉。

於是，我們就會想到德國西門子公司的事業，為什麼經歷住一百四十七年之久，而永保其生生不息的高效益，這就是一個企業，追隨的是什麼，並如何長久昌盛而高效有恃。

「不斷創新」，就是永遠追隨「生生不息」的奧妙。在當今世界日新月異的變化中，正如一個成功的企業家提供的，至少有五種可稱為創新的追隨。引進一種新產品，改良一種產品的質地。引進一種新的生產方式或一項新的經營技術。開闢一個以前沒有想到的新市場。獲得原材料或半成品的新供應物源。實現一種產業結構，創立一個獨佔鰲頭的地位。

企業家的工作眼光和機敏心靈，須跟隨有意義的目標，追隨有意義有價值的原則，那麼，必能喚發起無限的創造力，使你得到長足的發展。

《易經》曰：「隨：元亨，利貞，无咎。」要永葆事業的發展，盡可能做到順利、通達而无咎。古代人為我們指出了事物成功的哲學原理，更何況在我們二十一世紀初，具有現代思維邏輯的企業家們呢？

被淘汰的只有那些不願意追隨事物發展規律的人！

第十八節　知易行難

18. 蠱卦

有腐敗革新之意。

商場如戰場，短兵相接，稍不留神，必慘遭困厄之境。商場是不能讓自己以及業務上的對手有稍怠和喘息的機會。就算你厭倦了，也必須如此競爭。在商場上，人同此心，心同此理，人人在苦用心計、在進取忙碌，你怎麼有悠閒的時光呢。商旅之苦，就苦在無停息、無止境，永遠在跑步。

某日，碰上一位大公司經理，我問他：「今年生意如何？」

他連連歎氣，叫苦不迭地回答說：「生意不景氣。房地產、股票、期貨連連下跌。」他不住地搖搖頭說：「生意場上，剛做三年可謂英雄好漢，天下可去，再做三年，真是寸步難行啊！」

我和他握握手，苦笑著走了。因為都是生意場上的人。確是如此，做經營，真是知易行難！

這使我想起了《易經》上的蠱卦。「序卦傳」中有句話叫：「以喜隨人者，必有事，故受之以蠱。蠱者事也。」所謂蠱，古人解為敗壞。即把事辦壞了。

仔細想來，生意場上，千變萬化，一年四季的生意做崩了，怎麼辦？譬如時下人們在期貨操作上，股票經營上，房地產買賣上，連連失利，那接著應該做什麼呢？

《易經》蠱卦告誡我們，經營得利，有客觀的因素，但仔細思考還是人為的因素。同樣的時間、空間條件均相同，但有人生意做好了，有人做崩了。

蠱卦之意：蠱為皿中食物腐爛生蟲，這猶如經營，當經營可能會出現壞象時，一個有頭腦的經理，要盡力防患於未然，若發現了事物的不妙，也要頭腦冷靜、精明強幹地及時去處理。並加以挽救，隨時以自新精神，反覆思考，謹慎從事，這樣也會轉危為安的。這是生意場上常有的事。

凡事要有信心。《易經》上說：「先甲三日，後甲三日」，就是說，一事終了，便是另一新生事物的開始。在一段時間內生意失利了，那麼，另一生意便是開始了，這是萬事運行的規律，這樣，下一樁生意，只要你總結教訓，就能敗而不餒，忙而不亂，反敗為勝或立於不敗之地，只要能循其規律之道去從事經營。

其實關鍵的是知己知彼，積極穩妥地，更為成熟地，正道地去做生意。

今日世界，其實無人會聰明到能在生意場上長期獨佔便宜，也無人愚蠢到接二連三地長期做虧本生意。

重要的是在失利的環境下，找到一種明智的方法，機智地去應付這種環境。從而使我們成為生意場上能主宰自己命運的主人，而不是屈從舊方式的奴隸。

生意，生意，要生出新的意境。有了創新的意境，不怕沒有果成利就之日。

第十九節　謙和巨人

19. 臨卦

有居高臨下的意思。

這一卦，運用在經營事業上，主要是作為一個經營領導者，如何運用好領導藝術來管理好你擁有的經營事業。一個有作為的經營家，要在管理的經營事業上立於不敗之地，除了抓準機遇外，還必須具備寬容、豁達、利人、中正這四種美德。這是成就事業的吉祥亨通之象。

《易經》臨卦上說：「澤上有地，臨；君子以教思無窮，容保民無疆。」意思是說：臨卦下卦像澤，上卦像地，地在澤上，居高臨下的意思。一個經營管理者，能否居高臨下地領導你所從事的經營事業，就取決於作為一個領導者拿什麼來啟發、激勵你的部屬，從而使你的部屬能全心全意地創造出較高效益來。

在許多企業裡，許多經理或廠長，在他們所領導的企業裡，當出現順境或逆境時，往往會使用不兌現的甜言蜜語來搪塞部屬，把前景描繪得很出色，或做表面文章來掩蓋已潛伏著的矛盾或危機。譬如有的企業由於管理不善，或管理者意識不純正，不能及時保護部屬的權益，而自己揮霍浪費，不能克勤克儉，於是只能用「金玉其外」來粉飾太平，這是一個危險的信號。但是，作為一個經營領導者，如能及時意識到並注意改正這類弊病，那麼還是能轉危為安的，故《易經》上說：「甘臨，無攸利；既憂之，无咎。」意思是說：雖然由你居高而臨下，可是還存在一定的不當之處，但作為一個領導者，能做到「臨事而懼」，而去謹慎小心地處理好錯綜複雜的部屬關係，雖然有了矛盾和危機，但不會太長久的，只要度過了這艱難的過程，即會出現轉機和順利了。

不知松下幸之助是否學習和研究過《易經》，但他有一指導經營的成功之道，似乎和《易經》的臨卦思想相符。他曾說：「我認為成功的經營者和失敗的經營者之間最大的分別在於究竟能做到幾分寬容、豁達、利人、中正，和以這份純正之心觀察事物。如一味以私心去經營的人，必敗無疑。換言之，一個經營事業的領導者（管理者），應有高尚的人格感召，以威信維持紀律，而且經常審視自己，告誡自己。」

此則，便是《易經》臨卦所闡述在經營上使你獲得成功的原則。

第二十節　未雨綢繆

20.觀卦

含觀察和展示之意。

這一卦和上述臨卦，所取角度不同，「臨」是由上往下看，「觀」是由下往上看。實則，「觀」是闡述如何觀察外界事物以及觀察內心事物。

作為一個經營者來講，如何來觀察客觀的外界事物，這是至關重要的事情。譬如，美國石油大王哈默博士，是從一支普通的鉛筆起家發展他的經營事業的。一九二二年在蘇俄，一個偶然的機會，他出去買一支普通的鉛筆，他看到當時的蘇俄鉛筆很緊缺，於是，他去義大利找來工程技術人員，並在列寧的支持下，以租賃形式辦起了蘇俄第一家鉛筆廠，結果，這個美國的大富翁就是從這裡走向成功的。故《易經》上說：「風行地上，觀；先王以省方觀民設教。」這意思是說，風行地上，遍及萬物，觀察其規律，是極為重要的。因為不了解實際，就難以做出正確的決策，就難於提出科學而合理的目標和計畫。美國哈默博士能成功的關鍵，是善於抓住微小的事物來觀察萬事萬物的運動方向。

「觀」的另一方面，是善於觀察自己，這正如古希臘人說的一句話：「認識你自己！」這對經營者來說也是至關重要的。《易經》在「觀卦」中有幾句話告誡我們：「觀我生，君子无咎。」還有「觀我生，觀民也」。用現代觀點來闡述便是，一個成功的經營者，要隨時隨地經常反省自己，即自己觀察自己的所作所為。如果一個經營者不經常觀察自己，而用表像來虛飾自己的內心，這等於自欺欺人。對於經營事業如果任由情況惡化，直到病人膏肓了，才開始手忙腳亂地去處理，那可就來不及了。

鑒於此，一個經營者要如《易經》中告誡的，既要觀察外界事態的變化，又要反省自己，許多經營上的失誤和失敗從實質上來說是後者造成的。因為這種例子很多人都經驗過。人要善於觀察自己的內心世界的變化，在某種意義上講，後者比前者還更重要。

中國有句老話：未雨綢繆。在你的經營事業還處於平靜無波的階段，就要及早觀察和防止問題的出現。

第二十一節　琢磨成器

21.噬嗑卦

意思是咬合，即咬碎障礙物，上下便合之意。

商旅事業畢竟是要經歷曲折和艱辛的事業。時下許多人認為「下海」經商，是件實惠的事，這確是一種誤解。當然，有些人不顧道德、不擇手段，也確會在「商海」中撈到魚蝦。但當「氣泡」破滅時，那些靠投機得來的錢財，是不會有好下場的。曾有〈臺灣島是怎樣落入「金錢遊戲」的陷阱〉一文，給人們講述了八〇年代末期臺灣投機狂潮的驚心動魄的故事：「六合彩」燒遍全島，數百萬人參加股市賭局，「地下期貨公司」和「地下投資公司」利用人們的投機心理，肆無忌憚地進行金融詐騙。正在人們為自己在旦夕之間成為百萬富翁而欣喜若狂之時，發生了必不可免的投機的崩潰，那些手握億萬財富的人們突然發現，那些紙上的錢財不過是鏡中花、水中月，到頭來只是一場空。

我之所以說了上面這麼一段話，其用意是所謂人人喜愛的「經營」，實際上是一個艱辛的過程。即《易經》噬嗑卦上所說的「頤中有物日噬嗑，噬嗑而亨」。就是說，要經過咬合，排除掉前進道路中的障礙，道路才能暢通。也就像經過咬合，才能把美食的滋味享受到。

此卦包含的隱意是：一個經營者的成功，必須經過一個艱辛的歷程，專靠投機終究是不能持久的。在這個漫長而艱難的歷程中正如松下幸之助說的：「做事要有強烈的執著，絕不輕言放棄，經營事業中，不可能總是完全照著預期的方式進行的，但要咬緊牙關忍耐下去，在堅決的忍耐中，即使原計劃不能實現，但環境會朝好的方向發展，會出現一條可行的道路。」確是如此。

「噬嗑」為昌榮。上下顎間有物隔絕的狀態時，只要咬碎障礙物，上下便完全吻合而昌榮。

至於怎樣來咬碎障礙物，那就要靠一個經營者拿出智慧和毅力去完成。

第二十二節　剛柔相濟

22.賁卦

賁是一種裝飾物，有修飾之意。

《易經》的「序卦傳」中說：「物不可以苟合而已，故受之以賁；賁者飾也。」這實際上是闡述了一種文明與禮儀的原則。引申到一個企業對經營管理者來說，如果他從滾爬摸打的初級階段發展到一定的規模經營後，這時如何制訂文明的禮儀，規範個人的行為，就成為不可或缺的東西了。可以說文明的人格感召也是一個企業保持凝聚力的主要因素。

《易經》賁卦，雖借用一種古代裝飾物來闡述其隱意，用現代語言講，作為一個企業經營的管理者，在管理行為、管理制度、管理方式、管理方法上都必須有文明化的表現。物質文明越進步，為了指導物質文明，就必須有更高水準的精神文化，否則就不會延生真正的繁榮，企業的經營也難登堂入室。

我的一位舅公在澳大利亞墨爾本，他原是從臺灣移居澳洲的一位成功的經商者。有一次他為了一盤昂貴盈利的珠寶生意，飛抵緬甸談這盤生意，由於急急匆匆，沒有在儀表上注意和修飾，譬如說佩帶價值可觀的裝飾品之類的東西。結果，生意一談，對方就瞧不起他，認為他沒有相當的實力來做成這價值上百萬美元的生意，因而就在洽談中敷衍了事，結果此盤生意洽談未能成功，半途就崩了。所以，我的舅公後在他的《八十三個春》這一回憶錄裡就記載了這件事。《易經》上說：「賁，亨，柔來而文剛，故亨」。此意是說，在生意場中也少不了以柔順之德，來文飾剛強，剛柔適中，就能亨通。這裡的「剛」和「柔」，可理解為洽談生意時，必要的修飾也是一種「柔」的手段。如能再剛柔相濟，那麼，在生意場上，就顯得更自然、更暢通。

當然《易經》中還說：「白賁，无咎。」「白賁」，就是樸實無華的表現，意思是說，如果你有較高的經營才能，那麼樸實無華也無妨，也同樣能獲勝。生意做大了，有了一定的規模，注意外表的修飾固然必要，但修飾的外表超過了自然的內才和功力，那就成為一種無聊的虛飾。這對企業經營管理者來說，反而要走向其反面。那還不如一開始就以樸實為好。

船王包玉剛，就是一位簡樸從事，不尚浮華的人，他去英國和義大利船王洽談生意時，住宿處卻是一普通旅舍，致使義大利船王為之驚奇。生意場上必要的修飾或樸實無華確是辯證而相對的兩個面，要看你如何酌情運用到恰如其分。但千萬不要忘記，一個經營者的成與敗、盈和虧、受惠與受損，最終還不都要自負的嗎？

第二十三節　順而止之

23.剝卦

剝落和侵蝕的意思。

世上萬事萬物，總有曲折變化，不可能一帆風順。經營是一種對核算盈虧最為敏感的事業，更不可能平坦無波，只盈無虧。一個經營者，他的經營狀況如像超聲波，有波峰，也有低谷；有興旺，亦有衰落和挫折的時候。這種經營狀況的必然演變過程是不可能隨人的意志而左右搖擺。這正如一個一個的王朝，歷史上一個個大國的興盛與衰亡一樣。經營的天國，亦無法逃避一定的規律。

當一個經營者在經營他的事業時，碰到被侵蝕和剝落，受到困頓的時候，應該怎麼辦呢？

《易經》剝卦第一句話就告誡我們：「剝：不利有攸往。」用現代意思是說：在已見衰弱、被剝落的時刻，不利於前往的時候，就要停止盲目向前發展。如貿然勉強行動，則無所得，弄得不好，損失更大。

在一九九三年六月後，中央加強了宏觀調控，壓縮了基建規模的投資。這信號意味著，與基建規模投資相關的一些行業，將會受到限制（即侵蝕和剝落之意）。如果一個精明的經營者，在對這種政治信號與形勢有了冷靜的分析後，就應該遵循「剝落，不利有攸往」的明智決策，而停止在這方面的冒進。

《易經》剝卦象辭中說：「順而止之，觀象也；君子尚消息盈虛，天行也。」意思是說，在經營事業漫長的過程中，不宜前進時，就應「順而止之」。因為君子應當領悟，事物必有消長盈虛的現象發生。這是宇宙的自然法則。

事實確是如此，一九九三年六月份後，投資在和基建規模有聯繫的建築鋼材事業上的經營者，九十%以上都虧損了。而經營量越多，虧損亦更大。

怪不得有一位在一九九三年六月後經營鋼材的大戶告訴我：「在這一年中，我吃盡了苦頭，我每經營一噸鋼材，就虧損一噸。我經營進出的鋼材噸位越大，我的虧損額就越高。」

我對他說：「那你就應該趕快拋貨啊！」

那位大戶說：「已經套住了，大家想拋，就越是拋不出貨。」這確是這一段時期經營鋼材的實際狀況。這位大戶的苦衷，大概說明了他沒有掌握經營必然有消長盈虛的規律的緣故吧。

記得松下幸之助曾說到「尺蠖蟲的經營戰法」。有一種動物叫尺蠖蟲，它在行走時，往往是前進二寸，又退回一寸。這是很值得我們經營者學習的方法，就是說，你的經營，如年年賺錢，你必須退回一步，在這一步中你不準備賺錢，就等於好天氣連續幾天，終要準備有下雨的時候。這樣的「尺蠖蟲經營」方法，遇事就不會慌張，就能輕鬆地處理你的經營事業。

實際上，目前許多經營者，的確難於做到這一點。「順而止之」說說容易，做到卻難。不是有許多經營者，辛辛苦苦，慘澹經營幾年中賺了幾百萬的錢，卻不知「順而止之」或沒有學會「走兩步，退一步」的經營戰法，往往就毀於一旦。幾年後，什麼錢都沒有留下來嗎？

第二十四節　以靜致動

24.復卦

有回復、復歸之意。

在漫長的充滿競爭的商旅生涯中，遇到不如意的生意是常常發生的，有時要苦苦撐持這淒風苦雨的境況。這正如人生旅途一樣，人的一生，不如意者有七八，如意者僅只有二三。所謂人生的況味和深度，可能就在於此。

但是，否極會泰來。如上述一卦「剝」卦，當剝落到一個終結時，復來的卻是：「風光絕頂」，無人能比。好運來臨了，生意又充滿希望和新春。這說明對一個經營者來說，重要的是能把最壞一段時光苦苦撐住，咬緊牙關熬過去。如此，就能迎接另一個新春。《易經》復卦中就這樣說：「復：亨。出入无疾，朋來无咎；反復其道，七日來復。利有攸往。」用現代意思講，物極必反，當你把最壞的經營苦撐過去後，必然是恢復到你的經營事業有所作為的時期了。這時期，你就要重新調整步伐發展你的經營了。當有利你發展的機遇來臨時，就要不失時機並及時抓住這一回復的好時光。

一個經營者，在不利於發展時，要以靜致動，不利於你的經營事業發展的時候，不該動的時候則絕對不動，要靜觀事物的變化狀態和趨勢。「靜」是為了準備條件，積蓄力量，以利下一步的發展。「動」是條件、時機成熟之後的行動。從經營的成功原理來講，是經營者的主觀意志符合了自然規律（客觀規律），相反，則必導致災禍、惡運、失敗。

有時我們從事經營的同行坐在一起喝茶，常會談起一些有關現代的生意經。譬如：「要想把生意做得出色，是否有獨門秘方？」「你的經營事業的秘訣是什麼？」「為什麼有些人總能把生意做得興旺？」

每當這時，我都這樣認為，在這世界上，絕對沒有什麼賺錢生意的要訣。我卻認為，哪一個經營者能按人世間事物的規律去辦，百分之九十是成功的。如不明白這個淺顯的道理，便會稍獲成功就得意忘形；稍遇挫敗又頹喪困頓，連站起來的氣力都沒有了。所以，一個成功的經營者，凡事不能易喜易憂。正如《易經》複卦中有一句很重要的話：「反復其道，七日來復，天行也。」這便是說，陰陽反覆，是自然法則。我們不是「宿命論者」，但搞經營如真有成功的秘訣的話，那就是：違背事物規律的經營，絕不可去勉強為之，要把自己的經營之心融化在順其自然中去，這樣的結果，才能使你獲得成功，或許你可能成為百萬或千萬、億萬的富翁！

第二十五節　固守無妄

25.无妄卦

无妄者，即有順應自然，去非分妄想之意。

作為一個在錯綜複雜的社會中生活的自然人，不時會在其內心滋生出一種不切合客觀實際的狂妄之想，這種妄想往往會驅使一個從事經營管理者，走上不順應自然規律發展的邪路上去。這是很危險的。而一個聰明的經營者，應該是一個務實的人。他從「无妄」之中，能腳踏實地走向成功之路。所以，《易經》在无妄卦中，教誨我們後人一種智慧。《易經》彖曰：「无妄，剛自外來，而為主於內。動而健，剛中而應，大亨以正，天之命也。」並一再告誡我們：「无妄往吉」，「無妄之往，得志也。」用現代意思講，沒有過分的、超過客觀規律的慾望，辦事才能剛健，並且才會有真正的成效，才能事業亨通。而稍有不正，即有弊害。《說文解字》：妄與望通，期望過高，就是妄。

一個長期從事經營的企業家，在經營上，應步步為營，不能一有成就或一段時期內生意順利亨通，就產生過大的期望，於是就不顧實力，盲目擴大經營。這樣就會使你的經營業績走下坡路，並每況愈下。

經營是一門價值極高的藝術。俗話說：「苦心經營」或「慘澹經營」。就是因為經營本身是一種創造性活動。考慮、構想一個事業，要擬定出周全的計畫，再徵集資金，尋覓各類人才，再造工廠，並不斷有更新的產品開發出來，提供給市場和社會大眾。同樣，搞貿易經營，要訂購產品，要訂全合同，要預測市場行情的瞬息變化、政策方針的變化，要預防欺詐，要防止假冒偽劣商品，凡此等等，是一個完整的系統的創造性過程，任何一個環節脫節了，生意就會做壞，就很難賺錢，甚至要賠本。

《易經》无妄卦告誡我們，搞經營是一件創造性藝術，就得腳踏實地，純實无妄，往往皆吉。妄想，盲目，好高騖遠，不顧自己原始積累的資本，用過高的負債草率從事經營，雖有時僥倖取得暫時的成功，但一當資本金周轉不靈而敗露之後，就會不可收拾，永遠失去人們的信賴。

生意人如果進而想使生意擴大，退而能守住陣腳，不致敗露、破產，就必須量力而行，不要非分奢望，漸進无妄，使生意慢慢地擴大和發展，如果一味想「揠苗助長」，得到的恰恰是相反的結果。所謂「无妄」，它正確地啟迪了我們一種經營的智慧。只有「无妄」之意，才能使你在經營事業上嚐到甜美的果實。

第二十六節　蓄而知止

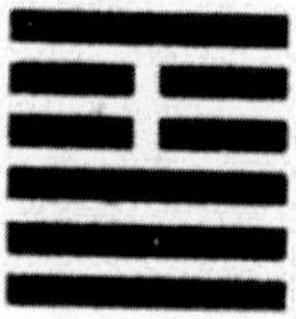

26.大畜卦

有大阻止、大蓄積的含義。

像河水的流動一般，任其流，而沒有大阻止，也就談不上蓄積。水力發電站，就是靠水壩阻止水流，起到蓄水發電的作用。

當今社會，知識要蓄積，能源要蓄積，物質財富要蓄積，做生意的資歷、資金要蓄積。而蓄積的有效手段就是要善於「阻」和「止」。沒有「阻」和「止」就談不上蓄。《易經》大畜卦就啟迪我們這個道理：彖曰：「天在山中，大畜；君子以多識前言往行，以畜其德。」大畜卦下卦為乾，像天，上卦為艮，像山。天色在山中，是大有積蓄的象徵。君子應見多識廣，積蓄自己各類豐富的知識和經驗。蓄積的涵義很廣泛，在公司的經營上亦然。一個從事經營的公司，它的資本是靠長期累積而形成。當然，也有靠股票、期貨市場，一夜之間躍為暴發戶，但暴發戶稍一不慎，在思想上不重視蓄積，也許，頃刻之間也會變成一貧如洗。在這方面的例子不勝枚舉，譬如上海有家原是里弄小廠，八〇年代初很小，設備簡陋，但經過幾任廠長的辛勤積累，到九〇年代初，已經是一個中等規模的工廠了。由於市場經濟大潮的推動，搞了第三產業，再發展多種貿易（包括發展股票、期貨和房地產業）。由於現任廠長不重視資本的蓄積，在銀根鬆動的時期，大量向銀行借貸資金，大搞房地產業，甚至不顧自己的實力，不顧負債率高達七十％以上，從工廠抽出大量生產人員，開赴遠離本土的廣東炒房地產，當國家銀根一緊縮，房地產一時拋售不出，結果每年要償付利息達一千五百萬元，把原有靠長期蓄積的一個廠的家當，都賠了。結果造成工人待崗，廠長叫苦不迭。故《易經》上說：「有厲利已，不犯災也。」「已」即是「止」的意思。用現代語言講，就是要注意懂得蓄積，搞事業、做經營要適可而止，能做到這一點，就不會犯災（發生災難）。

《易經》象曰：「大畜，剛健篤實，輝光日新其德；剛上而尚賢，能止健，大正也。」這就是說，在今天市場經濟這個競爭激烈的時代，如果能懂得注意在經營中蓄積自己的資本實力，在當止時能斷然停止，那麼，這個企業或這個經營者必是穩步而篤實的，由於具有篤實的美德，那麼他的生意也一定能做得光輝，而且日新月異地向前邁進。

作為一個經營企業家，失敗和成功都是天才的教師，都能從中找到深刻的教益。所謂的經驗，就是從實踐中得到一個體認。生意場上每天所做的事，都有失敗的經驗，同時也有成功的經驗。重要的是：要善於累積這些經驗，不論是甜酸苦辣，都要細細去體會，使經營者每天有一點清靜的時刻去深刻反省。「蓄而知止」的道理，定能使你在經營事業上受益匪淺。

第二十七節　頤養天年

27.頤卦

口養，有如何養活自己的道理之意。

頤卦的形狀，像是張開的口，上下牙齒相對，食物由口進入人體，故有養的含義。《易經》這一卦的第一句話便單刀直人，說出了與經營有關的哲學原理，它說：「頤，貞吉；觀頤，自求口實。」並說：「觀頤，觀其所養也；自求口實，觀其自養也。」

什麼是「自求口實」？怎樣才能做到「自求口實」？我想，人只有「經營」，才能達到自求口實，才能養活自己。因為世界上的人只有通過「經營」活動才能產生社會性、物質性的實質意義，亦才能具有個人精神上的價值。當然，這「經營」的含義是廣義的。一個不能養活自己的人，也是一個不能勞作與經營的人。松下幸之助在談到他的本行「經營學」時指出：「我認為經營是最高層次的綜合藝術，我們所做的經營是非常崇高的藝術。在這個藝術中包含了真理，真理在這裡受到活用，美和善也在這裡獲得生命。」這句話如《易經》的頤卦，講養活自己可以說是同出一源的自然哲理。

養活自己，亦就是一個人的生存。然而，世上每一個人的生存都是以他人的存在作為自己存在的前提。當然，任何人都有這樣那樣的私欲。私欲往往是無限的。然而，若每一個人對自己的私欲，能做一些必要的節制，甚至必要時能讓減一部分慾望和利益，那人與人之間就可以實現和諧。

「養」要靠物質財富，物質財富哪裡來？要靠生產、靠創造，而生產創造亦便是經營。經營得成功，方使萬物富足，然後可以養人。故《易經》「序卦傳」中有一句話叫：「物蓄然後可養，故受之以頤，頤者養也。」今天，許多老年人退休、退養了，我們就說他「養老了」。養老，用個成語叫：「頤養天年。」就是《易經》上的二十七卦的「頤」。而要達到「頤」，就離不開經營，而經營可以說是人最基本的社會活動，一個人要經營，一個企業要經營，乃至一個國家也要經營。《易經》上說：「天地養萬物，聖人養賢以及萬民：頤之時大矣哉！」我們幾千年的傳統，總把聖人抬到養萬民的高度，其實，真正養萬民，按現代意識講，應該屬於「經營者」！

第二十八節　突破逆境

28.大過卦

大的過度，非常行動之意。

大過卦與上節講的頤卦是相互作用的。大過是一種大有動作的行動，要在經營事業上大有作為即達到「大過」，必須具有大蓄積，培養實力的基礎。否則，將成為空洞的理想或狂妄的舉動。《易經》象曰：「澤滅木，大過；君子以獨立不懼，遁世無悶。」大過卦下卦為巽，像木，上卦為兌，像澤，澤水淹沒大木的樣子。木應浮在水上，但卻淹在水下，大過即不尋常的意思。君子應該在獨立的時候也不畏懼，因不得已而埋名遁世的時候，也不煩惱。此《易經》象辭之意，象徵不尋常之意。一個能立於不敗之地的經營管理者在經營上進行重大決策時，要具備很高的忍耐和修養。當他們作出重大而有風險的決策時，當遭到嫉妒、誤解或遇到曲折時，或孤立無援時，也不能沉淪，而要奮起，要排除煩惱，超脫忘我，突破逆境。

在這方面，我國知名的民族資本家榮氏兄弟，一九〇〇年在無錫創辦保興麵粉廠（後改茂新麵粉廠）時，就有類似的境遇。當時事業初創，由於遭到地方守舊士紳的阻撓，被地方知縣勒令停工。但榮氏兄弟並不氣餒，花了近兩年時間麵粉廠才正式開工。當時僅有石磨四套，麥篩三套，粉篩二套，六十匹馬力發動機一台，雇工三十餘人，一晝夜出粉三百餘袋。但是，廠辦了，工開了，買主卻不多，而且當時人們對機製粉還不理解，大家不敢問津。開工幾天下來，倉庫就積壓了上千袋麵粉，且資金周轉不過來。這些挫折、誤解和保守勢力的阻撓並不能使榮氏兄弟氣餒、消沉，他們先後創建茂新麵粉公司、福興麵粉公司和申新紡織公司三大企業，使榮家企業在近十年艱難創業中，成為近代中國經濟星空中一個耀眼的星座。僅據一九三二年帳面統計數字資產已達九千多萬元，就行業而論，都執全國麵粉、棉紗兩大行業之牛耳。

《易經》大過卦中，其每一爻，當然還有許多指導我們經營上取勝的細節，總的原則是在重大經營決策，即重大舉措（大過）時，必然有風險存在，因而必須非常慎重。在有大積蓄後（資本有了積累時），才可以採取非常行動。當然事物總有其二重性，就像一枚硬幣有其兩面圖案一樣。它有著兩個不同的側面，有時會處在明知不可為，而不得不為的無可奈何之中。這亦是經營之道複雜而多變的微妙之處。

第二十九節　坎坷不平

29.坎卦

坎者，陷入險難之意也。

《易經》「序卦傳」說：「物不可以終過，故受之以坎，坎者陷也。」世上凡事都有一個一個階段，這就像人走進古屋中去，要踏過許多門檻。跨過了一個個門檻，才能登堂入室。中國有句老話：「天將得厚其福而報之。」也就是說，有些人得意到了極點，就會走向反面，走到盡頭，就要跌下來，乃至「一蹶不振」。

這在經營上是常常會出現的危險現象。

有一次在上海，我參加一個華東地區經濟協作會議，會議上交流期貨市場的行情。會議主持人談了近一年內上海期貨市場的浮浮沉沉，及其撲朔迷離的不景氣狀況，在我座位邊有位無錫同行悄悄對我說：

「我已經做了一年期貨，專做鋼材和有色金屬。」

我聽罷，性急地打斷他的話：

「情況怎麼樣呢，賺錢了，還是虧了呢？我也想嘗試一下呀！」還沒有讓我講完，那位總經理感歎地對我說：

「起先三個月，我運氣真好啊，真是一路順風，扶搖直上，獨佔風流。然而，好景不長呀！……」說後他歎了口長氣。刹那間，我似乎觀察到他簡直要流下眼淚了。我趕緊又打斷他：

「商場中人，由於急於求進，在所難免，況且中國的期貨市場發育不良，虧是絕對難以躲避的。」

「不，不，我只能怪自己太發狂了，起先淨賺二百五十多萬元，最後在幾分鐘內，唉，我簡直狂了！結果倒輸了一千多萬元，你看，我真傻，真傻極了！」

這位總經理簡直像魯迅先生筆下的祥林嫂一樣，喋喋不休地嘮叨著「傻呀，傻呀，我真是狂了呀！」

他的苦歎不由使我想起基督教教義上講的：上帝要毀滅一個人，先得使他發狂。任何事情，一味只求進，就要陷入難以自拔的困境。

故《易經》上說：「習坎，入於坎窞，凶。」又說：「習坎入坎，失道凶也。」用現代意思講，便是由於做事不慎，或一味利慾薰心，必然越陷越深，最後必到兇險的地步。

經營者一旦陷入了兇險的境地，應該怎麼辦呢？

這就要：既已陷入，再不可操之過急，應穩住陣腳，放低期望，步步為營，自保待變，圖東山再起。因事物總是在運動變化著的，在變中求變，運用你的智慧，以求突破。故《易經》坎卦彖曰：「行險而不失其信，維心亨，乃以剛中也。」

這啟示我們經營上失敗的人，無論經過多少險難，多麼坎坷不平，也不可喪失了信心，「維心亨」，即是說碰到困境，心中仍要豁然沉著，拿出「剛中」的德性，依然能轉危為安取得成功。今天，我們學習《易經》，就是把它的告誡和啟示用在經營之道上。

第三十節　重在使命

30.離卦

有附著、互相依存及表示上升的太陽之含意。

我經商的經驗有相當多是從世界各國成功的經營家的傳記中獲得的。譬如美國汽車大王福特的傳記便是一例。福特汽車事業的成功是和社會的發展，以及他「重在使命」的經營之道分不開的。可以說，福特汽車大王的傳記，使我撰寫本書中的離卦有了依據。

《易經》彖曰：「離，麗也；日月麗乎天，百穀草木麗乎土。重明以麗乎正，乃化成天下；柔麗乎中正，故亨。」古代「麗」字是並排的兩頭鹿，有互為依存、相互附著的含義。日月附著在天上，各種穀物的生長、開花、結果，脫離不了土壤，但相互依附，必須正當，如此才能萬事亨通。

當一個經營者失敗了，不要怕，在經歷千辛萬苦，千方百計當中會站起來的。這正如《易經》「序卦傳」說：「陷必有所麗，故受之以離，離者麗也。」離卦的意思是尋求正當的依附，如此便會像太陽出來一樣，非常漂亮，新一個經營順境又會開始。事物的發展就是這樣周而復始。天地間的事，沒有永恆的，這正如佛學中稱這一人世間真理為「無常」，而《易經》叫變易（變化）。

在這裡，通過「離」卦的含意，一個成功的、或失敗的經營企業家，應依附著什麼才能使經營事業越做越發達呢，一要依你們的氣度和胸懷，二要依附產品的品質和市場，三要依附人民。美國汽車大王福特的成功便在於此。願天下所有的有良知的經營家「重在使命」吧！

第三十一節　同氣相求

31.咸卦

含人與事物、人與人間互相感應之意。

世上物與物、人與人之間總存在著相互感覺，相互感應，這是自然界和人類社會的一種基本現象。在經營上，同一此理，無論哪宗生意，均脫離不了人與物、人與人之間的關係。要使一盤生意搞活，做成，乃至使買賣雙方互利，沒有建立一種使對方信賴、相感、相合、相宜的關係，是不行的。這猶如土壤吸水而滋潤莊稼一樣。

《易經》咸卦象曰：「山上有澤，咸；君子以虛受人。」這意思用現代語言講，便是咸卦的下卦為艮，像山；上卦為兌，像澤。上邊的水向下滲透，山上的土壤就能吸收到水分，以致構成了雙方相互感應、互相滋潤的關係。

而人在社會上生活，人們在從事一項經營活動，也應該互相溝通、融洽，才能使買賣雙方獲益。

社會的經營活動，如一盤生意，不可能只講一方有利，如果一味追求自己的利潤而不顧對方的盈利，那麼，這盤生意就難以做成，即使成了，恐難逃欺詐獲利一途了。「咸」是「感」之意。即意味著人們去感應、去溝通、去融洽。這甚合亞當．斯密的《國富論》中，已充分闡述的「合作才能致富」的現代經濟原理。

當今，人人想去經商，於是商廈林立，商都、商城也越開越多，越開越大，隨著商品經濟的發展，下「商海」的人也多起來了。一談起某大款、某經理、某股票、某期貨、某房地產如何如何火旺，常令人咋舌羨慕。但大多還處於商盲階段（請恕直率），怪不得弄得如今的生意場上，詐騙叢生，假冒偽劣迭出；弄得三角債鏈越解越長，弄得互相之間心有猜疑。於是商場上人叫苦不迭，連連歎道：「如今，大家構不成互信的關係，生意真無法做了！」

有的還說：「你去信任誰，生意就被誰騙了！」是現實嗎？在今天確是現實，此種例子已屢見不鮮。

平常在從商時，似乎「商」就是競爭，就是「無商不奸」。真讓人匪夷所思。

《易經》上說：「貞吉悔亡，未感害也；憧憧往來，未光大也。」這便教導我們做生意時必須堅持純正，做到相互有利，才會吉祥，並且可以將容易造成後悔莫及的事消滅在萌芽之前。如果心術不正，只單想自己有利，就會心神不定，最終還是對自己不利。

東晉時期的一位高僧慧遠曾說過一句深含哲理的話，他說：「易」是以感應為主體。（語出《世說新語》）意思是說：做任何事情（包括做生意在內），同氣才能相求。此「同氣」，此「相求」，如細細去體會，即是教導了我們生意人一種能使你成功並獲利的耐人尋味的商場哲理。此道你信嗎？不妨一試，如何？

第三十二節　持之以恆

32.恆卦

恆久、長遠的意思。

有恆必然有成，所以事能亨通，不會有災難。「恆」，猶如日月，按規律運轉而能長久普照萬物。這正如《易經》恆卦開首便說的：「恆：亨，无咎，利貞，利有攸往。」這便是告誡我們在從事經營時，亦必須在經營行為、經營原則、經營動機等方面堅持按客觀規律去做，並能持之以恆。

如何拓展業務範圍，增加盈利，亦涉及一個「恆」字。一些經營甚久，曾經也有過輝煌時期的公司，也會發生經營上的困難。所謂做生意，恰恰要有切合實際的不斷更新的經營手法。更新，實際上亦涉及到「持之以恆」的問題，「恆」猶如「石」，只要「石在，火種就不會滅絕」！有了「恆」，生意不怕不成功！

柳宗元曾寫過一篇《宋清傳》，寫的是一個長安西部賣藥的商人，他始終用一個「恆」字來對待他的客戶，無論誰來購藥，不管有沒有帶錢來，他都把好藥賣給客戶，有的素不相識，或路途遙遠，帶給他一張欠條，宋清也不因此拒絕，有時到了年終，賒欠的債條累積如山，有的估計償還不了債款，他就索興「輒焚卷，終不復言」，於是許多人都嘲笑宋清是個「愚昧無知」的商人，而宋清不這麼看。他經商儲藥四十多年，被燒掉欠條的人數有一百多個，這些人中後來有的做了大官，有的經商致富了，他們往往回過來報答宋清，宋清以「持之以恆」的經營之道，從長遠來講，反而獲利甚高。柳宗元評宋清謂：「清之取利遠，遠故大，豈若小市人哉？一不得值，則怫然怒，再則罵而仇耳。彼之為利，不亦翦翦乎？」在這裡小商人之態和大商人之度（襟懷），獲蠅頭小利者和獲大利者（長遠之利）被描繪得涇渭分明。這正如《易經》恆卦象曰：「恆，久也。」「久於其道也。天地之道，恆久而不已也；利有攸往，終則有始也。日月得天而能久照，四時變化而能久成。」又云：「觀其所恆，而天地萬物之情可見矣！」老子曰：「慎終如始，則無敗事。」貴在貫徹始終，貴在慎終如始。

這就是說，在商場上，競爭和創新是一個方面，但持之以恆，才能「利有攸往」，柳宗元《宋清傳》中描繪的宋清這個商人所以能致富、並經商四十多年都獲得成功，究其根本，即「恆」也。

第三十三節　退避三舍

33.遁卦

避者遁也。含退避、隱忍之意。

經營的過程，實際上是一連串和人打交道的過程。比如一個公司的總經理，時時要聽你的下屬有關經營情況的匯報。有的人往往會說得「頭頭是道」，其實和經營現狀的真實情況相距甚遠，甚至有故弄玄虛或「謊報軍情」者。那麼作為一個有實際經驗的總經理，應該如何來處理這種關係呢？《易經》逐卦告誡我們說：「天下有山，避；君子以遠小人，不惡而嚴。」用現代意思講，古代人用天比喻君子，用山比作小人；君子應疏遠小人，對自己嚴格要求，使小人難於接近自己；但也應該正反意見都聽，使自己的視野開闊。如我國古代哲人孔子所運用的邏輯思考，他對弟子進行質疑時往往運用「三題辯證」法。即由弟子說出正反兩種題旨的述說，再由孔子根據正反兩種說法，總結出一個「合題」。我想，作為一個經營者，在聽取對經營實際狀況的正反不同述說時，也要運用孔子的「三題合一」之辯證邏輯來作出對新問題的經營決策。

一個經營者，在漫長的經營生涯中，時時會遭遇到曲折不平、艱辛坎坷的歷程。在經營上，該進時要毅然而進，該退時要決然而退，但關鍵意義在於：要善於把握時機而採取行動。有不少經營者由於失去良機而痛心疾首。有人問，什麼叫把握時機呢？對於這個問題，《易經》遯卦作了很樸實的回答：「遯亨，遯而亨也。剛當位而應，與時行也。小利貞，浸而長也。遯之時義大矣哉！」這句告誡我們的話說出了一個經營者應具備的睿智：即在你的經營中不利於進時，應及時退避，這能使你事業亨通有成，但在把握住了時機時，就應當採取行動，在這一點上，遯卦又特別強調了對「時間」的瞄準和把握上。看你能否根據瞬息萬變的市場，作出相應的計畫並組織實施。有了好的時機，還要求一個善於經營的企業家去推敲，去把握，把握準了則順，則亨，則吉；沒能把準「事機」，則事不成。

一個傑出的企業經營家，要學會應進則進，應退則退，要學會能把握進退的時機。這靠什麼呢？靠的應該是經營者自己在漫長的商旅生涯中成敗經驗的體會。用一句國外的諺語講：「沒有創傷，就不能收穫珍珠。」

在這裡，我想舉一個在《龐城末日》小說中的雙目失明的賣花女童倪娣雅的故事。她因雙目失明，每天要付出很大代價來生活和工作，是要靠痛苦的經驗來維持生命的存在。不久，一場維蘇威火山大爆發，龐貝城籠罩在濃煙與落塵下，漆黑一片。驚慌失措的居民衝來撞去，摸不到出路。但盲女童倪娣雅卻因原本雙目失明，她靠著觸覺和聽覺，不但能找到生路，還做著搭救別人的工作。昔日因殘廢而結出的苦果，今天卻成了她的資財。

從這個小故事可以舉一反三，「沒有創傷，就沒有珍珠」！從經營者所付出的痛苦代價中可以得到最輝煌的收穫。商旅生涯可以將人志氣磨盡，也能讓人出類拔萃。這正如蕭伯納所說：「人生如戲，你演得好，被喝彩；你演得不好，會被咒罵。」這就完全看你在經營場上是怎樣一種人了。

第三十四節　自勝者強

34.大壯卦

蘊含著壯大強盛時之意。

《易經》「序卦傳」上說：「物不可以終遯，故受之以大壯。」這是說事物總是有潮起潮落之日。一個長期從事經營的企業家，不可能永遠衰落，同樣也不可能永遠強盛。問題是，當你衰落後，要想取得經過拼搏而壯大強盛的時日，一個經營者應該怎麼辦？就是說，不管商場如何變幻莫測，你靠什麼在市場競爭中保持不敗呢？

回答這個問題，不妨借用《易經》大壯卦象辭中所述：「雷在天上，大壯；君子以非禮弗履。」什麼叫做大壯？古人用詞簡潔但含意很深，雷在天上轟轟地響，不亦聲勢很壯大嗎？故命名為「大壯」。就是說經商者大凡經歷了一定的時期後，事業已盛，規模已具。那麼，你就應該效法這一精神，去轟轟烈烈地壯大自己的經營事業和天地。但後面一句話對一個經營者來說就更重要了，即「君子以非禮弗履」。用現代語言講，當一個經營者壯大了事業後，不是「財大氣粗」「目中無人」，去瞧不起別人或為了沽名釣譽去勝過他人，而恰恰相反，這壯大時日，作為一個經營者更應謙虛謹慎，去克制自己心靈中的「財大氣粗」的思想和行為。「非禮弗履」簡單說，就是不該做的事，就不可去履行。這便是一個經營者遠大的目光：「自勝者強」。善於克制自己由於壯大而帶來的心理障礙。做到了這一點，才能戰勝自己，作為一個經營家只有戰勝了自己內心的弱點，才能戰勝別人，才能算強者。

商場上的成功與失敗、幸運與打擊，都會在一定條件下互相轉化。只要你走的是正道，付出辛勤的勞動，你就能獲得這種互相轉化的收穫。但商人最大的敵人還有賭博和貪色，在這一點上，亦可用老子的一句話，即「自勝者強」。你能否有足夠的自製力把這兩大魔鬼拒之於門外，我想，一個經營者辛苦拚搏攢積的資金，除非他壯大成功後不惜倒台、失敗，否則，是不肯輕易捨棄自己的理想和事業來換取片刻的歡樂和刺激的。

儘管如此，在這兩方面失敗者還是屢見不鮮。故而撰寫《商旅生涯不是夢》的億萬富商陳玉書曾說過：「做生意，可以說完全是一場賭博……商業上的術語跟賭博不同，賭場叫『贏』，商場叫『賺』，商場叫『賠』，賭場叫『輸』。」而在賭博和貪色上沾邊的商家，十之八九要成為「賠」和「輸」者！

我說經商如賭博的話，還有一層意思，就是真正輸贏應該存在於商人自己的內心世界中，你在商場上「賺」了，徹底地究其原因，應該說是一個經營者戰勝了自己的心靈障礙，只有「自勝者」才能壯大自己的經營事業，才能真正的「賺」錢。這種商場的感悟，也許只有少數商家所能體察，但在中國文化推為五經之首的《易經》上，已早在教誨著我們的經營者了。

第三十五節　自昭明德

35.晉卦

晉者進也。含前進、晉升之意。

晉是前進，是古代諸侯經過努力，走到天子面前接受褒獎的一種美好形象。

有人以為，在經營界做生意就是為了賺錢，於是以為只要懂得生意經就行了，情操如何，一個人的形象如何，似乎毫無關係。其實不然。你看世上，從古至今，譬如范蠡後期的經商活動，基本上隱匿於世，行蹤詭秘，為什麼？因為中國古代是輕商的，他為了保持曾是一國之相的形象，他雖經商，但有關他經商的歷史，很少記載。當然，到了現代，市場經濟活躍，經營者大多有後人撰寫傳記，記載其經商的美好形象和高素質的情操，如《超越生命》中的哈默博士，《紅頂商人》胡雪岩，《船王》包玉剛。為什麼商人也能如《易經》晉卦中所述的「晉：康侯用錫馬蕃庶，晝日三接」，晉見天子，一天中受到接見三次的榮譽。世界船王包玉剛，在商界為人造福，作出了貢獻，英國女王伊莉莎白就封他為勳爵。包玉剛的成功，不能說不和他始終保持一個誠實有信譽的形象有關。當包玉剛在籌畫一個船隊時，手中缺乏資金，但已和日本商界簽下合同，在手足無措之時，最後還是靠了他為人的美好形象，即無形的「爵位」，得到了滙豐銀行和其他銀行的支援，得到了一筆巨額貸款，才慢慢使自己經營的事業走向大成。

故《易經》晉卦象曰：「明出地上，晉；君子以自昭明德。」「昭」即顯明的意思，用現代意思講，在商場也和其他領域一樣，你要使自己的經營事業有所發展，你就要把自己商業形象樹立得好好的。正如《大學》開宗明義所云：「大學之道，在明明德。」必須自昭明德，有一個好素質的、被人所信賴的形象，才能使自己「生意興隆通四海，財源茂盛達三江」，現在的經商者豈可不察乎？

第三十六節　化險為夷

36.明夷卦

蘊含管理者要具備隱忍自重、韜晦用智的處事能力。

《易經》「序卦傳」中告誡我們說：「進必有所傷，故受之於明夷，夷者傷也。」這是比較中肯和辯證的一句話。大凡一個經營者，當你在商場上把生意做得很興隆時（即「進」時），往往會出現最危險的時刻，也就是最能受之於「明夷」的時刻（即受到傷害的時刻）。這是什麼道理呢？明夷卦告訴我們：「明人地中，明夷；君子以蒞眾，用晦而明。」這是講，光明進入地中，因而光明受到創傷。太陽普照萬物；但光芒過度強烈，反而受到傷害。君子面臨群眾，要以平易的態度出現，這樣反而能明白事理。當一帆風順、興旺、發達之時刻，一個經營者的內心就會發生變化，即心靈的光芒由於過度強烈，他的欲念也越來越高，就會產生過高的不切合實際和客觀規律的狂妄之想，所以最易發生「明夷」（受到挫折）。古希臘哲人蘇格拉底曾告誡我們欲念不要太強烈，他說：「心魂的理念部分必須聯合情感部分，必須制約並正確引導危險的欲念部分，從而使人的心智得以保持健康和良性運作的勢態。」

一個經營者，在生意場上運作最得意之時，往往就會放鬆自己對理念和危險的欲念的制約。我的一位朋友（是一家公司的總經理），開始時他從兩萬元資產做起，經近十年的拚搏，年年以兩百多萬元的淨利增值，生意越做越興隆。他從煤炭生意做起，最火旺時是經營石油製品（如汽油、柴油、重油），人稱「江南石油大王」。他到處被邀請開會，介紹經驗；飛機飛來飛去，忙個不亦樂乎。由於賺錢多，賺錢速度也快，捧場的人也多了，一日三宴，五日三請，多數日子在鶯歌燕舞、卡拉OK中度過。他認為經營就是「這樣的味」，實際上此時他已走到了「明夷」之境，可惜他沒有覺悟，若能明乎古訓：「日中則昃，月盈則食。」（《周易．豐》）「天道之數，至則反，盛則衰。」（《管子．重令》）「水波而上，盡其搖而複下，其勢固然者也。」（《管子．君臣下》）則能以昭昭之理，治昏昏之心，也就無畏於市場經濟的大浪淘沙了。事有巧緣，正在他浮躁失穩，「進必有所傷」之時，一位巧言令色的屬下向他彙報深圳股票行情節節上漲，要他拍板投資股票。當時深圳外資股票「原野」正紅紅火火，他當即拍板，投資三千萬元「原野」股票，囑部下當晚飛抵深圳，搶購「原野」股票。此時「原野」在指數八十五點上起跑，買下三千萬之時，即上升到一百三十五點，那位經理聽到部下從深圳打來電話，報告這旗開得勝的喜訊。如那時能冷靜分析證券行情，出奇制勝，見好即收，迅速作出決斷拋出，也可僥倖賺一大把。但真可謂「說時遲，那時快」，不到一星期，「原野」股票暴跌，直跌到谷底。因「原野」股票經國家證監委資產核實，屬虛報資產，結果持「原野」股票者，均損失慘重，那位原本每天陶醉於卡拉ＯＫ中的經理，從此一蹶不振，萎矣靡矣。正如《易經》上所說的：「明夷於飛，垂其翼。」由於經營不當，就像一隻鳥於飛行中負傷了，連翼也下垂了。

一個經營者，若在長足的發展中，自己的理念不能控制過大的慾望，結果受了創傷，那麼應該怎麼辦呢？《易經》告誡說：「明夷；夷於左股，用拯馬壯，吉。」又說：「南狩之志，乃大得也。」意思就是，你的經營事業受了創傷，像負傷在左大腿，那還應利用右腿行動，迅速作出冷靜的對策，根據自己的實力狀況和一切可調動的人和力量，也還是能化險為夷的。當然，處理這種棘手的事務，不能操之過急，更應慎重又務實。惟應用內剛外柔，韜光養晦，覺悟以前的錯誤決策，艱苦隱忍，往往在最艱難的時刻，恰恰也是反敗為勝的大好契機。「窮則變，變則通，通則久」（《周易・繫辭下》），此之謂也。經營上成功的要訣就在這裡。

第三十七節　修身齊家

37.家人卦

是謂明家之道，正一家之人。

當我寫到「家人卦」時，覺得似乎和經營上的應用掛不上鉤。但細讀深思後，再回味我們國家五千年歷史的經濟發展軌跡，其實不乏聯繫之處，而且把「修身齊家」和經營事業掛鉤也是很自然的。

我們知道，家庭是社會結構的基礎，社會的事（當然包括經商之類）與家庭是有聯繫、有影響的。孔子所說的「誠意、正心、修身、齊家、治國、平天下」的道理，也許我們可以推源於這一卦。在經營事業上你要獲得成功，就少不了你家庭內部要「處和得正」，各盡夫妻的本分。

近閱報刊，許多經營者（亦包括從政者），貪得無饜，把許多原先興旺發達的企業搞得垮台、倒閉。仔細分析原因，可從家人的不正氣、墮落中去尋找其失敗的根源。故《易經》家人卦中云：「家人，女正位乎內，男正位乎外；男女正，天地之大義也。」意思是女的守著正道，若聯繫經營，引申為不貪得無厭，不慫恿丈夫去賺不義之財；男的守著正道，引申為規規矩矩做生意，同時，在外也不惹花拈草。這樣家道正，天下就安定。約而言之，即能使你從事的經營事業穩定發展。

日本許多經營家的成功，看他們撰寫的成功之道的書籍，或有關經營事業的電視，這些經營家，都有很完美的「賢內助」。過去的上海，夫妻老婆店很多，他們都是從一個細胞（一家人）慢慢生長並逐漸把生意做得發達起來的。《上海一家人》這部電視片便是一個很好的例子，他們一家人在上海灘上做生意靠的是什麼呢？這正如《易經》家人卦中所說的：「富家大吉，順在位也。」意即富厚美滿的家庭所以大吉，靠的是能「順著本分，盡其在我」地守著其位，本分理家。如是則無內憂之累，這樣生意成功的機會也就會越來越多。人們常說：「和睦美滿，福莫大焉。」和睦的家人，和諧的人際關係，可以帶來友愛、帶來互助、帶來理解、帶來支持。

從計劃經濟走向市場經濟，在金錢與權力的誘惑下，一些內心脆弱、缺乏自制能力的人及其家庭受到了震盪，受到衝擊。賺錢是必要的，正如競爭也是必要的，但競爭和賺錢，不能使家人分化，「誠信」兩字被破壞。在這一點上《易經》又告誡我們：「有孚，威如，終吉。」「威如之吉，反身之謂也。」這是說，治家不可缺少誠信和威嚴。而威嚴，恰恰應該建立在以身作則這一基礎上，這種威嚴就能使家人尊敬。這正如《孟子》所說的三句話：第一句話是：「自己做不到的，就不能要求妻子。」第二句是：「不能誠實的反省，就不能得到父母的歡心。」接著又說：「誠實的反省，是最大的快樂。」這位先哲的話，都是悟得真知的常理。我認為祖先的優點要繼承下來，再融合現代意識，對我們每一個希望在經營上獲得成功的人來說，都會有用。美國信封公司董事長麥凱，把他一生致勝的經驗概括為麥凱六十六個問題，其核心是：走向成功，需用智慧。我想還應補充一句：「走向成功，還需家人！」

第三十八節　異中求同

38.睽卦

闡述離與合、異與同的運用法則。

世事萬物總存在著離與合、同和異之點。但又無論政治、社會、經濟等總是離中有合，合中有寓，同中有異，異中有同。當科學的支類劃分愈來愈細時，一些邊緣的交叉的學問便漸漸顯得重要起來。於是「調和」（即你中有我，我中有你）、「求同」（即共同利益）亦成為求得發展的必然要素。而經營這門藝術也概莫例外。只要能讓買賣雙方相信「異中求同」對他們有利，那他們成交的可能性就大為增強。這個世界上所有的生意人都能認可的經營道理，在《易經》睽卦中早有所云：「天地睽而其事同也，男女睽而其志通也，萬物睽而其事類也：睽之時用大矣哉！」用現代話講便是：天與地、男與女，以至類推萬事萬物，均是相反而相成的，正由於有異同才能取得協調，求同和統一。這正如松下幸之助這位經營大師在他的〈不要讓太陽消失了〉這篇講話稿中所說的：「簡單舉個例子，如果忽略了經營者與別人之間的聯繫，則經營無法成立。而必須有所聯繫，才能成為一個完整的企業。如果男人與女人只強調各自特徵，而不考慮加以調和，說不定最後會演變成男人與女人的戰爭。」接著他更強調「異中求同」的作用，「調和，存在於人與人之間，也存在於人與物之間，亦即萬物互相調和而存在。如果月亮不知到哪裡去了。太陽也失去了蹤影，要想找回來，困難可就大了。幸運的是毋需運用我們的能力，宇宙間已經擁有最好的調和。所以，我們能看著月亮寫一首詩，或者望著月兒談情說愛。」

松下幸之助對經營的指導藝術的話是夠意味深長的了。這種相反能相成、異中求同的經營思想，作為一個經營者如能好好掌握並應用在你的經營實踐中，即使你的經營遇到重重障礙，即使你碰到最厲害的競爭者，即使你遇上了冗長而麻煩的經濟糾紛和法律訴訟，只要你應用「異中求同」這一招，最後也能調和，也能離中有合，所以，你不必憂慮重重。如此說來，一個經營者，用句幽默語：他既需要月亮，又不能讓太陽消失了！這也是：變中不變——道和太極也。

第三十九節　得道多助

39.蹇卦

引申為跛腳，從而前進困難、不便的意思。

近年來·「大智若愚」這句話已很少有人說起它了。我想追其原因，不外是時下搞市場經濟了，在人們心態中似乎要「乖巧」加「小聰明」，才能去賺錢，才能去適應競爭的市場機制。但依我看，並非如此。在經營事業上，在長期的「馬拉松」競爭中，光靠「小機靈」的戰術取勝，仍然避免不了「戰略」性決策失誤的失敗。這方面失敗從而使你面臨的經營事業從此一蹶不振的例子很多。譬如近期國庫券強行在五月底平倉，導致股票急劇上升，我所知的一家公司的經理，由於平時不注重「戰略」對經營的重要性，損失就很大，他以往幾年中辛辛苦苦經營賺的錢，一下子就「付之東流」了。所以，真正的經營專家，並非靠「小聰明」做生意，而是具有戰略眼光，靠「大智慧」。有時，你一百次戰術取勝所賺的錢，還抵不上一次「戰略」上無眼光所招致的失敗。所以《易經》這部書中許多卦反復強調的一個問題就是「修德」。所謂「修德」，就是要給的「大智慧」。

由於缺乏戰略眼光在商場上失敗了，即碰到困難了，也如蹇卦中所說的如一個人跛腳了，前進不便了，怎麼辦呢？

《易經》蹇卦彖曰：「蹇，難也，險在前也；見險而能止，知矣哉！」意思是說，碰到困難，危險就在面前，就要冷靜思考，見險能止，這就是一種智慧。止了以後怎麼辦？是望而生畏了嗎？不！既然你慢慢明白了自己在生意場上的弱點後，就要反省自己，提高自己在商場上的作戰能力，這方面《易經》又告誡我們：「山上有水，蹇；君子以反身修德。」山上有水，一個人走過去碰到山，不能走過去，又碰到水，又不易涉過，都是困厄之境，這時就只有反省自己在經營中有哪些弱點，發生困難的原因何在，並且要從「大智慧」上去作一番考慮和調整，以利再戰。孟子在《離婁上篇》說：「當實行得不到效果時，一切都要反省自己。」這句話，很有見地，這是一個經營者需要度過難關時必須經過的第一道門。

第二道門是什麼呢？那就是《易經》蹇卦上另一句話：「往蹇來譽，宜待也。」一個經營者遇到了不能前進的險阻和困難，冒險孤注一擲，輕則自尋煩惱，重則一敗塗地。唯有收集各類資訊，了解當前形勢，知道量力，返回來停留原處，以等待時機，才能突破難關，從而爭取新的勝利。商場猶如戰場。中國革命戰爭中，第五次反圍剿的失敗，導致艱苦卓絕的二萬五千里長征，便因為進攻受阻時，沒有作出戰略撤退從而犯了急躁冒進的錯誤，結果付出了慘重的代價。

一個經營者受阻後，經過了第一道門「反省自己經營上的弱點」，爾後經過第二道門「冷靜宜待」，也即經過了一個苦難的歷程，迎接他的將是通向「得道多助」和通向轉危為安的第三道門，故《易經》上文說：「大蹇朋來，以中節也。」「往蹇，來碩；吉，利見大人。」意思是說，當你歷經艱苦後，必定會贏得朋友的幫助，以共挽敗局，並仍能獲致豐碩的經營成果。因為對一個經營者來說，困難與成功，困難與機遇，困難與光明永遠同在。險阻和困難對經營者來說是對意志、信心、毅力的一種考驗。

當然，那些缺乏戰略眼光只愛耍小聰明的人是永遠學不乖的。

第四十節　勿圖安逸

40.解卦

寓有緩解和解除困難之意。

解卦，是與三十九（前卦）蹇卦形象上下相反的綜卦，「序卦傳」說：「物不可以終難，故受之以解；解者，緩也。」應用在經營事業上，一個經營者遇到困難，經過自己的努力拚搏，困難是終究會解除的。但應引以為戒的是，當險境過去後，許多經營者又會容易耽於安樂。安樂一產生又會遇上麻煩，這是一對「難」與「解」相反相成的矛盾現象。

《易經》解卦象曰：「剛柔之際，義无咎也。」引申到經營上來，有了困難，不能拖延解決困難的時機。所謂「剛柔之際」便是指時間的界定概念，剛與柔之間，是解決困難的最佳時機，亦就是困難開始之初，就應當迅速去解決，只有如此「義无咎也」。「義」，在此作「理」的意思。困難剛萌生，就迅速去解決，就「旡咎」，即無害的。

一個經營者所遇上的困難和麻煩是多種多樣的。譬如：時下商場上假冒騙多了，偽劣產品屢見不鮮，甚至會遇上「假幣」、「假匯票」的事，對於這些困難，你要解除，必然會遇上做這些蠢事的小人，那麼對於一個聰明的經營者，遇上了這些人怎麼辦？《易經》上也作了告誡：「田獲三狐，得黃矢；貞吉。」並說：「九二貞吉，得中道也。」「三狐」寓為小人，「黃矢」是古代裝有黃金箭頭的箭。這幾句話含意很深，用現代意思講，可以詮釋為：擊中小人，須「穩、準、狠」，你用了很大精力（黃金箭頭）務必擊中，如果沒有擊中，就會損失黃金的箭；另外，還得掌握一點「中庸之道」。靈活應對，以不使你所咫尺面對的小人「狗急而跳牆」。

解卦，是闡釋解除困難的法則。歸納起來，有幾點：

解決應當快速，不能拖沓，此其一；解決應在開始之初，此其二；解除之際，遇上小人，堅持中庸和正直的原則，此其三。但當一個經營者解除了他向前發展的困難後，切莫得意忘形，貪圖安逸，私慾膨脹，親近小人。否則，你用艱苦和智慧得來的成功還會喪失的。「經營」是一種事業，它是永沒有停息的。成功不易，喪失卻易。至此，我想到一句俗諺：「興家好比針挑土，敗家好比水沖堤。」這難道不值得我們深思嗎？

第四十一節　懲忿窒欲

41.損卦

蘊含損益應用的原理。

如果你讀《古文觀止》，有一句話，你一定會深切感受，那就是「熙熙者為利而來，攘攘者為利而去」。一個社會是人的舞臺，舞臺上缺少不了來往過客，在一定的空間容量內，必會熙熙攘攘。個人的利益，必定涉及損益的問題。增益或減損本是自然之事，作為一個以「賺錢」或「賠本」為著眼點的經營者來說，如何在自己的經營天地中，合理地調節自己的慾望和行為，做到損其當損，益其當益，此乃可謂大吉大利了。

人們常說：「富不過三代。」原因何在，乃因人類社會乃至大自然有其平衡規律和法則。故《易經》損卦上說出了這一原理：「損剛益柔有時：損益盈虛，與時偕行。」作為一個經營者來說，這些非常有哲理的教誨，能應用在你的經營思想上並付之實踐，那便得益非淺了。正如《易經》上說的，過剛就應當減損，過柔就應當增益。減損、增益，盈餘、虧虛均隨時間和條件在改變，一個經營者也應隨時間和條件的變化，適當處置，不可違反這些規律。

「山下有澤，損；君子以懲忿窒欲。」《易經》多以形象來說話，損卦的上卦「艮」是山，下卦「兌」是澤，減損澤中的土，以增益山，所以山高澤低。一個經營者在商場上，應當效法這一精神，遇到不順時，易發生忿怒，應當自我制止或調節，對自己的貪欲，必須自行克制乃至杜絕。

我在一九九一年曾以很大興趣閱讀美國信封公司董事長麥凱的《攻心為上》這本談經營的書。麥凱用六十六個問題來對經營上的減損和增益、盈虧和虛實的核算進行分析。這六十六個問題歸納為幾個大綱：一是客戶的一般情況；二是客戶的教育背景；三是客戶的家庭狀況；四是客戶的業務背景資料；五是客戶的特殊興趣；六是客戶的生活方式；七是與客戶打交道時你對客戶的想法和評估。麥凱應用這七大方面，提出六十六個問題，來決定他的公司在經營中如何處理損益盈虧的成本核算問題。這正符合《易經》損卦上說的：「已事遄往，无咎；酌損之。」這是說隨時間的實際進展，有時要酌情損失一些。但有時卻強調不損必益。如《易經》上說：「利貞，征凶；弗損益之。」就是說，有時在經營上一點不能讓步，反而使自己增益，同時使對方亦能獲得收益。這必須要對具體情況作具體分析，靈活應用，不可設囿拘泥。

經營者的「賺」或「賠」是一個很複雜的問題，有天時、地利、人和等諸多因素交錯綜合而造成的。但我從長期的經營生涯中體會，「人和」應視為是第一因素，故一個經營者如能真正做到《易經》上告誡的「君子以懲忿窒欲」這一絕招，不僅使你在生意場上有用，且在你的人生旅途上也將受益無窮。可惜的是當今生意場上，好像很少有人注意這重要的一招。

第四十二節　互惠互利

42.益卦

含有使人類受益的意思。

桑塔納轎車，在今天已被人們普遍歡迎，而且它的維修點也遍佈全國各地每一個角落，予人方便。故它的製造廠家牢固地樹立了「為大眾」的經營指導思想，即其產品能使廣大民眾受益。

一個企業的經營家，當然要考慮企業能賺錢。但是，一個真正的經營家比賺錢更感興趣的是他所從事的事業如何能夠滋潤許多人的生活，以使社會的生活日趨進步。美國的福特、日本的松下幸之助，這些真正的經營家，他們往往把事業和社會的發展聯結在一起來考慮，這是非常了不起的思想。福特往往在對方對他生產的產品殺價之前就主動降價。並從總體上考慮到這種價格是什麼樣的階層可以買得起，就這樣從降低成本等環節著手，逐次降低價格，擴大購買階層，從而大面積佔有市場。這是福特經營成功的首要訣竅。福特的經營思想非常貼近《易經》益卦上所說的：「天施地生，其益無方。凡益之道，與時偕行。」「君子以見善則遷，有過則改。」用現代意思詮釋就是：隨時機的進行，要做大凡使人受益的事情。使大眾受益的，應毫不遲疑，像風一般立即去追隨。而作為一個經營者，當有了過失，就應當毫不忌諱，有過則改，唯有如此，才是一個真正有氣度有遠見的經營者。

一個經營者，具有使大眾受益的思想，反過來，大眾願購買他的產品，就構成了雙邊利益、合作致富的經營之道。故《易經》益卦象曰：「有孚惠心，勿問之矣；惠我德，大得志也。」這句話用在我們經營之道上，就是當你投資在使人們受益的經營事業上，你就不必擔憂（不必問卜）有吉還是有險。也就是說，肯定是賺錢的生意。為什麼呢？因為人們肯定會回報你的。用現代生意經來說，你受益於顧客，你做生意的市場佔有率肯定是高的。因為每筆生意的能否賺錢，用百分比來講，其概率大致是八十％的生意恰恰來自二十％的顧客。故《易經》上講的「惠我德，大得志也」，「大得志」，便是你的生意一定能展宏圖了。而欲展宏圖，反過來說，作為一個經營者，就要使顧客受益。這是你欲做賺錢生意的辯證的兩個面。做生意的宗旨，能賺錢的訣竅，無不是使別人受益，別人再回報使你亦受益。任何一方想欺人太甚，使對方大吃其虧，那麼，這種生意的連結紐帶，早晚會斷裂或者名存實亡；即使是千種美妙動聽的言詞，或百般嚴密精到的合同，都不抵用。這正如《論語》中所告誡我們的：「行為只放縱在自己利益上，就會招致許多怨恨。」也誠如《易經》益卦「上九」中的一句話：「莫益之，或擊之；立心勿恆，凶。」意思是說：只求一方有利，要求別人奉送，別人不再理睬，甚至憤怒，加以攻擊，使你的意志搖擺不定，結果當然兇險。

古話「貪人自戕」，俗諺「偷雞不著蝕把米」，皆可引以為戒也。

第四十三節　當斷則斷

43.夬卦

夬者夬也，該斷時必決之意也。

孔老夫子曾歎曰：「加我數年，五十以學《易》，可以無大過矣！」此無大過之說，亦可解釋為預測順逆，是可以減少損失之意。

正如古人常云「凡事預則立，不預則廢」那樣，處世「當斷則斷，不斷則廢」。比如對一個經營者來說，當一筆生意來臨時，你卻猶豫不決，徘徊不定，遲遲未能拍板決斷，那麼，再好的生意，也會從你手指縫中無形溜走。故《易經》「序卦傳」上說：「益而不已必決，故受之以夬；夬者決也。」「夬」之本意，是指古人拉弓時，戴在大拇指上的護套，弦由護套上彈離，所以有決斷之意。一個經營者要決斷，靠什麼？無非是摸準行情。但有些人就是摸準了行情，也並非能賺錢。因為人有一種不良的天性——易患得患失，優柔寡斷。譬如我的一位朋友，是某公司的經理，從一九九三年下半年至一九九四年，他無一筆生意能做成。我記得在一九九三年初冬，他特地從外地來到我的居住地，目的是要做一筆銅的生意，和我一起分析一下行情。他一下飛機就問我：「老兄，今年從我對市場行情的分析來看，國際銅產量減少，進口亦受影響。前幾年銅價一直徘徊不上，今年肯定會上漲，你說對嗎？」

我知道此君的脾性，故意沉默一會兒，反唇相譏地對他說：「你老兄知道銅要上漲，何必來問我，為何還不趕快行動呢？資金上困難嗎？」

「不，資金不成問題，我已籌足了近二千噸銅的資金。」他的回答，是胸有成竹的。至此，我也從自己的實際經驗和各類資訊行情的分析，認準銅價在一九九四年春肯定會大幅度上漲。

他在我家待了一天，急返安徽銅陵，和銅廠洽談進銅價格和分批供銷事宜。後來我聽說他還簽了一份非正式供貨合同，但廠家說，只要他貨款一到，即可發貨。此君的哥哥在北京是執掌一家有色金屬總公司的董事長，進銷都不成問題。而且生產廠家看在他哥哥往日的交情上，準能以最低的出廠價給他供貨。時間一天一天地流逝，那位仁兄遲遲未行動。記得我還去長途電話和電傳催他趕快進貨，以免失去時機。

就在他去安徽銅陵訂貨時，國內銅的價格在一萬七千元／噸上徘徊，不到三個月，每噸均以五百至一千元繼續猛漲，但此仁兄還是猶豫不決，最後竟漲至二萬四千元／噸，上漲了七千元一噸，到此時他才猛然醒悟，但為時已晚矣。

如果他能當斷則斷的話，我估計一九九四年這位仁兄僅銅這一筆生意就能賺二〇〇〇萬元左右！但那樣難逢的良機，卻眼睜睜從他鼻子底下飛走了，豈不可惜！故《易經》夬卦象曰：「澤上於天，夬；君子以施祿及下，居德則忌。」

若把這句話，運用在經營事業上，可解釋為：當澤水蒸發到天上轉化為雨，即當你在經營中，經過調查研究及綜合分析，已該決斷時，就要迅速決策，勿貽誤時機而招致怨言，這就是經營決策上的適時而動。

當然，在決斷之前，又必須事先考慮周全，否則心有餘而力不足，勉強決斷，必然有災。故《易經》又告誡盲目決斷的經營者，說：「壯於前趾，往，不勝為咎。」用現代意思是說：如果許多條件還不成熟，只仗著腿力、雄心壯志而前往，非但不勝，反而會出差錯。如果一個經營者要獲得成功，必具備「天、地、人」三方面有利條件的綜合，缺一不可。如果你不具備這三方面的有利條件，即《易經》所云：「不勝而往，咎也。」必敗無疑也。

在經營事業上，究竟怎樣能取得最大的利益，這是每個經營者尋求的最根本的目的。這也是《易經》上說的「屈信相感而利生」（《周易・繫辭下》）。也就是「當斷則斷」，「不該斷的，決不能斷」，這和收縮及伸展相感應而利益常生是同一道理。而「央」和「不決」的依據是天、地、人三方面條件是否有利。寫到此，使我想到近期反映「晉商」的電視連續劇《昌晉源票號》中主題歌開端的歌詞：

誰曾想一代晉商馳騁九州方圓？
誰曾見玲瓏小城氣吞八方地？

這個至今尚未脫掉農業本色，市場經濟尚未發達的山西省內小小的祈縣怎麼會在二百年前產生出這麼多豪商巨賈，這些晉商能壟斷全國金融業直到解放前夕。何故？此經營課題，我想還是留待讀者去思考，在此不贅！但明清晉商，卻能夠稱雄商界五個多世紀，他們何以興，何以盛？他們的經商成功之道是什麼？對我們有什麼啟示等等，都值得我們去研究和借鑒！

第四十四節　不期而遇

44.姤卦

蘊含相遇、邂逅之意。

張藝謀的電影《大紅燈籠高高掛》曾經紅極一時，該片最吸引人之處除妻妾成群的家庭劇情外，那個佈局奇特、建築精美的大院落也是吸引觀眾興趣的焦點。

喬家大院坐落在山西太原西南約七十公里的祈縣喬家堡。它是曾一度壟斷全國金融業的著名晉商喬致庸家族的故居。喬家理財的才能是值得世人吸取的經營之道。知人善用，而且懂得如何建立一套合理的激勵制度。從而表現了相當細緻而有長遠眼光的經營之術，喬家沒有急功近利、巧取豪奪的作風，喬家經營的座右銘是：準備充足，謹慎從事，人棄我取，薄利多做；維護信譽，小忍小讓，慎始慎終。這些均是一個能獲得長期成功的經營家所必備的條件。但是，我們研究晉商不能不追溯到他們的始祖喬貴發。在乾隆初年，由於邂逅了一個姓秦的鄉親，他們結拜為兄弟，開始合夥在包頭開設了一個「草料鋪」。這是喬家最初的發跡點，使喬氏家族獲得了長達二百多年經營上的成功。故《易經》在媚卦一開頭就道出了凡是成功的經營家幸遇到一個真誠的合作者，或者遇到一個能幫助你成功的夥伴是非常重要的。《易經》「序卦傳」中說「決必有遇，故受之以垢，媚者遇也」就是這個道理。卦象曰：「天下有風，垢；後以施命誥四方。」這意思是說，一個經營者要像風與萬物相遇那樣，與眾人建立感情，這樣才能「施命誥四方」（即實行有效的管理），並上下一致，互相配合，使事業獲得成功。

大凡一盤生意要做成，沒有人配合是不行的。當然，在今天的商旅生涯中，被坑騙錢財者屢屢發生，這裡要防止對不期而遇之人，不得輕易信任之。因為你並不了解他的經歷、為人、品質等。在這方面，《易經》上打了一個很幽默的比喻，「垢：女壯，勿用取女。」寓意是，你遇到了一個不可合作的夥伴，你就要遠離他。「勿用取女」，就是經營上遇到這類人就要警惕，不必與這類人合作經營。哪些人能在經營上與你合為夥伴，哪些人你必須時時警惕，或「敬而遠之」或「避而遠之」，這是一個經營者必須常常考慮的問題。長達二百多年歷史獲得經營上成功的首創者喬貴發成功的第一步，便是遇到了一個姓秦的素質好的合作夥伴。喬貴發如沒有這第一步，那麼他的成功也許就會夭折。今天人們往往總認為「無商不奸」，其實這是重農輕商的傳統思想意識。大凡成功的經營者應該是「商有商德」，甚至「無德不成商」。也許這話我寫在這裡，一些自作聰明的生意人不屑一顧，或有些得到偶爾成功的「大款」，也會嗤之以鼻。其實一部世界商史，或中國成功的商人史，都以無可辯駁的事實證明了「無德不成商」的真理。

第四十五節　聚沙成塔

45.萃卦

蘊含聚集的重大意義。

聚集是一種組織藝術。一個成功的經營企業家不可能「著花不過兩三朵，獨向人間冷處看」那般孤傲，那種孤傲只不過是詩人的性格。大凡一盤生意要做活、成功，沒有把各類人匯集起來的本領，就難以達到你所追求的目標。故《易經》說：「物相遇而後聚，故受之以萃，萃者聚也。」聚集，對一個經營企業家來說，它包括資本的聚集和人員的聚集。當然，一個經營企業家要聚集有用之才為你的經營事業忠誠服務也很不容易，你必須遵循一個基本的商業原則：即你必須首先主動去關懷別人。這話聽起來似乎大家都懂，其實做起來卻很不易。如果一個企業的經理首先做到了這一點，那麼，他所經營的公司的生意一定會有「齊心合力」的旺盛士氣，這樣就有相當的凝聚力去應付經營上的複雜多變的情況。

《易經》萃卦中有這麼一句話：「萃有位，无咎。匪孚；元永貞，悔亡。」用現代意思詮釋就是：聚在一起，各就其位，並無過失，不會遭人俘獲。從開始就做了長遠的預測，因而一切後悔都可以消失。

你看，這句話，對我們每一家正在以經營為業的公司決策者是多麼寶貴呀！

我在經營生涯中，常可以聽到或看到由於沒有領悟《易經》上的告誡，而人心浮動，甚或出現門牆之爭而壞事的事例。

譬如某公司原先是一位經理在領導整個公司的經營業務，後來，上級又派了一位黨的書記去擔任這家公司的副經理。由於他們兩人各自為政，業務員帶回的生意，兩位經理在執行上看法不同，於是沒有能把公司的「對內型」人才和「對外型」人才聚集起來共同對付一盤盤實實在在的生意。結果在「銀根緊縮」、「經濟不景氣」的外部壓力下，不到一年，這家原先名聲響亮、資本積累雄厚的公司，就被別家公司吞併了。

聚集是一種組織藝術，也是一種力量。這種藝術和力量要靠經營家以自己的業績和德性去感化下屬，這是現代經營領導者應具備的基本素質。怪不得孔子在《論語》中諄諄告誡說：「遠方的人不服時，就要致力於文德的感化，以使他們前來歸順。」

雖時空不同了，但這句話對我們搞經營事業的領導者，也許還會有很深的啟迪。

第四十六節　積小成大

46.升卦

升即順利，有上升和通達的含義。

成大業者均由小事做起。中國有句老話，「千里之行始於足下」。做生意，搞企業經營，如果想一步登天，那就可能會有九百九十九次出差錯的機會。故《易經》升卦說：「地中生木，升；君子以順德，積小以高大。」《易經》上的譬喻很生動：地裡長出樹木，不斷地長大長高，我們應當順其自然，使它由小到大地生長起來，由小處著手，累積成高大。

許多經營者，往往在經營中，缺乏一種忍耐和培育事業成長的德性。我碰到許多經營者，往往善於「孤注一擲」或時以「賭徒」的心理搞經營。中國的經營，有時像一陣龍捲風，當你在這陣旋風中，偶爾被送上了天，其實是僥倖取勝，一下子成了暴發戶；但是，當你莫名其妙的時候，你又會被龍捲風把你從高處往下摔，使你的經營從此一蹶不振。當前，許多經營者有類似下面的一段對話的情景：

「今年生意做得怎樣？」甲問乙。乙很直率地回答道：「整個年度，不景氣，把原先賺的都賠了還不夠。」

「那怎麼得了，咋辦？」

「反正我自己沒撈一個錢，虧的公司多的是，無所謂。」

「那你總有責任的嘛？」

「有什麼責任，賺錢了是『公』的，虧了也是『公』的，不用我掏一分錢！」

你看，不善經營、不懂經營之道的人把生意做虧了，日子照樣過得很輕鬆。

我看到這類經營者失敗的根源，還是在於沒有掌握上升和下降之間這個「度」。《易經》上只說了十六個字，就道出一個經營成功或失敗的真諦：

上六：「冥升，利於不息之貞。」

象曰：「冥升在上，消不富也。」

「冥」是昏昧的意思。意思是說，一個經營者的頭腦不清醒，在昏昧之中，如果上升到了極點，那時刻，作為一個經營者要心中有數，極力和不停地扭轉這種在昏昧中的前進。如果再盲目上升，必然消耗過度，力量不足，經營的下坡路就在眼前了。

就是說對我們大部分的人來說，經營上要取得成功，還是應從小做起，懂得「積小高大」可能對我們取得生意上的成功更有助益，你說對嗎？

第四十七節　致命遂志

47.困卦

蘊含陷入困境進退不得之意。

美國前總統尼克森在他辭世前不久完成的遺著《超越和平》中曾說過一句有名的話。他說：「美國往往是在面對侵略或者重大國際挑戰時才處於最佳狀態。」這句話對於經營著的真正企業家來說，是很有啟迪的。一個能重負長期商旅生涯折騰的成功者，他的最佳狀態，也應該是面對困難和重大挑戰的時刻。《論語》中說：「士見危致命」，一個出色的經營者的最佳狀態，是在他處於困厄之中時，能發揮最好的膽魄去拚搏、去奮鬥。故對於一個真正有前途的經營者，困難往往並非是一件壞事，而是激發你勇往直前的動力。故《易經》困卦中說：「澤無水，困；君子以致命遂志。」意思是說：澤中缺水，因而發生吃水的困難，而碰到困難，君子應該不惜以生命去拚搏，以達成理想。《易經》中的這句告誡和啟迪，對我們現代經營企業家來說，至關重要。

《易經》困卦彖曰：「困，剛掩也。險以說，困而不失其所亨，其唯君子乎！」「掩」是掩沒的意思。窮困是因為剛健被暫時掩沒，但是身陷困境之中，仍保持快樂進取的最佳狀態，仍不放棄貫徹理想，這不是唯有君子才能做到這一步嗎？

讀《易經》，看尼克森的《超越和平》，同時想到有一期《文匯報》頭版介紹上海三槍集團董事長蘇壽南談經營成功經驗的〈做國有資本的經營家〉一文，其中有一句話和《易經》的智慧啟迪是吻合的。蘇壽南說：「行業的危機孕育著企業的生機。」

確實如此，九〇年代初期，上海的紡織業從「搖錢樹」變成了「苦菜花」，針織行業的虧損面高達九十%以上。一個個工廠開工不足，許多還非常年輕剛三十出頭的女工就下崗「退休」了。而上海市場上如黛安芬、安利芬等品牌洋貨擠佔了市場。在這種困境中，卻孕育了「三槍」牌針織業的巨大崛起，使蘇壽南這位經營企業家獲得了成功，這也說明了面臨多大的困難，便有多大的成功。當然，關鍵是一個經營者必須謹慎，必須及時反省，並拿出方略去突破。當然，突破是一種苦難與艱辛，但惟有此，才能免於「不進則退」的困境。

第四十八節　求賢若渴

48.井卦

形容像渴了用工具從井中取水那般需要去求賢。

一提到日本企業經營之特色時，人們就會列舉出「終身雇傭，年功序列，企業內工會」這三大神器。然而，所謂終身雇傭並沒有形成制度或用明文的合同來加以保證，僅僅是一部分大企業的人事慣例。年功序列也由於時代的變化，日益受到能力主義的挑戰，而企業工會在勞動者組織效率日見低下的今天，其作用也流於形式。那麼，究竟日本企業在戰後的經營法寶是什麼呢？日本一橋大學教授伊丹敬提出了「人本主義企業經營」一說，便成為企業經營取得成功的根本神器。即在經營組織內，最珍貴的資源不是金錢，不是物，而是「人」。這一神器的原理，早在《易經》井卦中已作了充分闡述。卦曰：「井渫不食，為我心惻；可用汲，王明並受其福。」用現代意思詮釋，就是已經清除泥沙的潔水不食（不用），令人心中可惜。這猶如有賢士在野，卻沒人能用，明智的君王，便應當及時提拔這些賢士，選拔任用他們，這無論對君王，對賢士都是幸福。

這裡闡述了經營事業上要取得成功，一定要及時觀察和提拔經營素質好的人才。對於人才，一個企業的經營管理者未能發現和起用，這等於有清潔的水，你不食，豈不浪費。

《易經》還闡述了另一很重要的對比關係。如果人才暫未被提拔任用，應該如何對待呢？象曰：「井甃旡咎，修井也。」意思是說，作為一個真正的經營人才，無需急躁，應當在未被「伯樂識取」前，自己充實、進修自己的經營才能，等待時機，自然有出頭之日。正如南宋詞人辛棄疾所自述的那樣「用之則行」，「捨之則藏」。此「藏」，可理解為進修、充實自己才幹等待時機之意。一個有經驗的上層次的經營組織的用人，有它的「人本主義」韜略，《易經》井卦上六：「井收，勿幕；有孚，元吉。」象曰：「元吉在上，大成也。」意思是說，能夠將井水收取上來（「收」即汲取的意思），就應「勿幕」，幕是蓋子之意。即不要上蓋，使井的水源不絕，完全發揮。即要使經營人才盡施其才幹，就要放開經營者手腳，讓其發揮。而一個被提拔重用的經營之才，一旦在位時，應當鞠躬盡瘁，不能有絲毫循私，否則也會被時代淘汰和唾棄。

一個企業的經營管理者，應當如《易經》所述的那般求賢若渴。有了求賢若渴之思才能廣泛使用人才，這樣，你不論經營什麼項目，總能在生意場上左右逢源而立於不敗之地。反之，一個經營者一定要到了「臨渴」之時，才想到去掘井，那未免為時已晚矣！

第四十九節　革心革面

49.革卦

含變革、改革之意。

國際知名的管理學權威彼得．杜魯克，在其一九八五年所著《革新與創新》一書中，評論了為什麼英國馬獅百貨公司能成為英國最大且盈利最高的零售集團。他說：「近五十年，英國規模龐大的零售商馬獅百貨公司所表現的創新及革新精神，恐怕整個西歐的公司也無一可及。馬獅公司對英國經濟以至社會的影響力，凌駕於任何一個機構之上。」

這一段平實的話，說出了一個企業要獲得最大的盈利，必然要在改革和創新上動腦筋，做文章。改革和創新的思想是一切企業家學不完、讀不厭的寶典。《易經》革卦象曰：「澤中有火，革；君子以治歷明時。」革卦下卦為離，像火，上卦為兌，像澤。澤中有火，水可以滅火，而火又可以使水蒸發，此古人喻之為變革。變革在世道中有深刻普遍的意義：天道需要變革，由變而暢；地道需要變革，由變而耕；人道需要變革，由變而盛；制道需要變革，由變而通。

經營是創造性思維，它猶如萬花筒，你越創新變革，它映現出的這朵經營之花就更盛、更美。創新與變革的思維可謂層出不窮，便有經營上的擴散性、輻射性、特異性之花。對一個經營家來說，有創新的思想，就會獲得財富。例如，美國歷經百年風化了的自由女神像翻新後，現場有二百噸廢料難以處理。而有位名叫斯塔克的人，願意承包了這堆無用的廢料。他用了創新的方法，使這些廢料產生人們需要的價值。他把廢銅皮鑄成紀念幣，把廢鉛廢鋁做成紀念尺，把水泥碎塊進行獨特的設計，配裝在玲瓏透明的小盒子裡作為有意義的紀念品供人選購。這麼一創新，那些廢料頓時身價百倍，產生了商品價值，斯塔克大獲其利。

當然，一個企業的經營家要改革、要創新，也需要時機、條件。如《易經》革卦六二上說：「已日乃革之，征吉、无咎。」這是講企業經營之革新要等待時機，古人對時機的選擇是特別注意的。對此我們今人也應該重視。如果時機超前了，人們思想跟不上，就難於接受；落後了，失去了有利的時機，無用了。只有適時而革，才能勢如破竹，銳不可擋，才能見經濟成效。

但是，一個經營家，如何改革，如何創新，使自己從事的經營超凡出眾，從而獲得最大的增值效益，並以這種創造性思維能以「魔力」般的作用推動企業經營的興旺發達呢？

《易經》還告誡我們：「大人虎變，未佔有孚。」「大人虎變，其文炳也。」意思是說，一個經營企業家，如只要求別人如何，而自己沒有下決心先行改革，那麼這類經營企業家是不能獲得成功的。這正如《易經》比喻的那般，改革與創造並非修補裝飾，而是要在各個方面徹底使其面目一新，就像老虎皮的斑紋到了秋天光澤鮮豔、面目一新一般。一個成功的經營者當然是一個革新者，這種創新不是冠冕堂皇的炫耀，而是人的觀念、行為、品格、道德的徹底改變。從古人的告誡，我們很自然想到時下許多所謂革新的經營企業家，往往把自己的企業推上炫耀的位置。如廠房造得非常漂亮，盲目進口一時用不上的進口設備，企業內造花園、別墅、舞廳、遊藝場等設施，這都是供人參觀娛樂用，真可謂「金玉其外，敗絮其中」。試想，像這類企業那樣的經營，能行嗎？能持久撐下去嗎？這正如《易經》革卦最後一句話所諷刺的一樣：「小人革面，順以從君也。」一個經營企業家的革新，如只「革面」，卻不「洗心」，隨時間的流逝，終將失敗並被歷史所淘汰。

第五十節　太平鼎盛

50.鼎卦

鼎食器，含供養賢士之意。

一個企業要步上太平鼎盛之時，是件非常不容易的事。要付出多少代價和心血，也是無法統計和計算的。近期讀到《卓越的管理典範》（英國馬獅百貨集團經驗剖析）一書，封面上有以下幾行似廣告又不像廣告的言詞：奉行「優質低價」宗旨百年如一日。當年曾：背負肩挑，沿街叫賣，今天是：英國盈利能力最高的行銷集團，世界上最大的「沒有工廠的製造商」，全球公認的卓越管理典範。「馬獅」經驗揭示了一個「人間奇跡」，是一切企業家學不完、讀不厭的寶典。

讀完此書，概括起來，英國馬獅的經營經驗主要啟示，第一是市場策略的重要性。無論做什麼生意，經營者都要經常問道：誰是我們的顧客?他們究竟需要什麼？一個企業能否生存並發展，起碼的條件是要不斷解決這些問題。關鍵字是「不斷地」三個字，如何去實現「不斷地」，三個字。《易經》有句話很重要：「木上有火，鼎；君子以正位凝命。」木上面有火，是正在烹飪之時。「烹飪之時」，可喻為市場和顧客正在饑餓地等待和需要賴以生存的產品。那麼烹飪者應想些什麼，應以什麼態度對待呢？「鼎」象徵端正、穩重，君子應效法這一精神，凝聚完成上帝（顧客）所賦予的使命。這使命開動市場策略，便要費盡心思、苦心孤詣地把價廉物美的產品發掘或創造出來，造福於人類。

第二個啟示，馬獅重視與供應商的人際關係，也就是銷售商和工廠之間的關係。如何連結好與供應商的關係，《易經》鼎卦彖曰：「鼎有實，慎所之也。我仇有疾，終旡尤也。」意思是，有實力，又比較謹慎對待別人，就是和對方有些矛盾，只要誠意待人，堅守正道，最後不會雙方產生怨尤。一個經營者和供應的一方關係融洽了，不怕生意做不成。有了良好而穩固的後方——供應商，才會資源不斷，源源不竭，這便是馬獅成功之二。

第三個啟示，人的關鍵因素。現代的人事管理，其重視的是：吸引人才，善用人才，發展人才。《易經》鼎卦上說：「鼎折足，覆公餗，其形渥，凶。」一如對經營人才了解不夠，就好比折斷鼎足，打翻了美食，濕淋淋的，必然兇險。此意是形象的比喻：如用錯了人，一個經營者行為不慎，很容易造成前功盡棄。對人的使用是一件不可掉以輕心的事。

讀《易經》，閱「馬獅集團」成功的啟示，成功的三個方面，《易經》用了通俗形象的比喻來告誡，這不是可以鑒證：中華文化悠悠幾千年前的一部典籍，如我們用心智很好地體會和咀嚼，也是一切企業家學不完讀不厭的寶典嗎？

第五十一節　戰戰兢兢

51.震卦

含震動和戒懼之意。

有一次去上海，在客車裡，兩位乘客在那裡談論生意經。甲說：「如今這兩年生意越來越難做，幾乎沒有利潤和差價可賺了。」乙說：「從一九九三年下半年度開始至今已有二年多，銀行利息增高，增值稅額又緊，企業的攤派風又盛。資金運轉失靈，生意怎麼做呢！」甲說：「如今這二年做生意如不坑蒙拐騙，規規矩矩，就賺不到錢了，只有喝茶吃老米飯了吧。」他們談論得十分起勁。我在旁默默地聽著想著，生意難做，盈利微薄，不像前幾年可以大把大把地賺錢，這確是實話。但作為一個經營企業家是否便束手無策，不知所措了呢？我看也未必。關鍵是，社會市場對經營者在經營、管理、決策、組織等方面要適應市場需要的要求越來越高。「適者生存」，的確如此。市場對人經營的要求越來越高，因此，使經營者心裡產生了恐懼和震動，故《易經》在震卦彖辭裡便告誡說：「震：亨。震來虩虩，恐致福也。」這話說得多麼充滿辯證的思維。一個經營者，在面臨生意到處不好做時，心裡便會受到震動從而心感懼怕。而當震驚你的靈魂時，你才會戰戰兢兢，因怕沒有生意做、乃或有了生意又做不好，當身處這場面時，才知戒備和奮起拚搏，當你有了這種心理準備，「恐致福也」，即後來就會有成功的幸福。

人們常說，猶太人善於經營，確實如此。猶太人在世界金融業取得的成就的確輝煌無比。在猶太人的血管和細胞裡，好像天生就有從事金融的遺傳基因。其實真正分析猶太人在經營場上的成功，考證他們的歷史，說穿了，無非便是嚴峻的外部世界迫使猶太人要有不斷進取的精神。這和《易經》說的是一回事，震卦象曰：「游雷，震；君子以恐懼修省。」這便是和猶太人一樣，發生了外部世界沉重的像雷聲一般的震動，人便會用加倍的力量去對待嚴峻的外部世界，那麼作為一個經營者，就會加倍去努力，付出代價，終於會有收穫。縱觀猶太人在金融史上的不同凡響的致富成功歷程，它的成功和付出血淚斑斑的代價是成正比的。孔子曾說：「迅雷烈風，必然使人變色。」（《論語．鄉黨篇》）孔子還說：「戰戰兢兢如臨深淵，如履薄冰。」一個經營企業家，如能常常在生意場上有如履薄冰之感，那麼，他也會像猶太人一樣，有輝煌成功的到來。

所以《易經》的震卦，可以喚醒這幾年正在忙忙碌碌做經營的人們。震動喚醒什麼呢？朋友，震動和喚醒的正是你自己對經營根基的憂慮。不知那兩位做生意的乘客，能感悟得到嗎？

第五十二節　適可而止

52.艮卦

艮者止也。

我們常常說：做事要適可而止。但真正做到此點，也許真可謂：「蜀道之難，難於上青天。」講到此，忽然想到，近期梁衡先生贈我《新聞綠葉的脈絡》一書，內有梁先生一段高見。他說：「新聞的極品是無我……而這種了無痕跡、淡泊而深厚的功力是最難修煉的。」舉一反三把此含意深邃的話，用在我們經營企業家身上亦同理。對經營事業者來說，也唯有達到不為外物所動、不為貪欲所蔽的物我兩忘的境界，才是經營事業的極高境界。《易經》艮卦就告誡了我們經營企業家這一為人忽視的真理。

彖曰：「艮，止也。時止則止，時行則行；動靜不失其時，其道光明。艮其止，止其所也。……行其庭，不見其人，旡咎也。」「艮」是止的意思。應用引申在經營事業上便是：應當止的時候止，應當行的時候行，動靜不失時機，前途必然光明。《大學》中說：「止於至善。」孔子說：「於知其止所。」一個經營企業家，當能在胸中「知其止所」，那就能成為一個高明的經營企業家。

這兩年中因在經營上，不知其止所，而造成經營虧損、失敗者不勝枚舉。某年五月我到廣東，在深圳、在惠州，遇到許多經營房地產生意的企業家，他們真可謂「望樓興歎」！大大小小的樓房空著，不能走進市場，由於盲目攀比，急躁冒進，上千億資金的投入，而產出卻是那麼少，僅一項利息的支付，就有上千百人夠「跳黃浦」的資格！我訪問了一位南方做房產生意的經營者，錄下了一段有趣的對話：

「大家這麼多人搞房地產，你不知道會賣不出去嗎？」「知道賣不出去，我還會做這項生意嗎？」他急切地回答我：「當時的估計，前景光明，真認為是賺大錢機會來臨了呢！」

「那你就不看看形勢？」我問。

「形勢？誰能看準嘛？」他攤開雙手對我瞪眼睛說：

「當你要止的時候，已經來不及了呀！」

確乎如此。「知其止所」，有時並非人人都能做到的。如《易經》所云：「艮，君子以思不出其位。」多妙的用詞，在應當停止處停止，思考不可超出其本分以外。什麼是「本分」？對一個經營者來說，「本分」便是你的實力有多少，你的負債率達到多少，如你在從事一樁經營業務時（如房產業，證券業，期貨業或其他產業），負債率已超出「其位」，必然是「敗走華容道」，想僥倖取勝，面臨的也必然是敗北。

《易經》的告誡：「敦艮之吉，以厚終也。」

一個經營者，在複雜紛遝、變幻莫測的經營世界裡，最後的堅持，不被誘惑，即以厚終也。此語，對我們忙碌的經營人，可謂苦口良藥也。

第五十三節　鴻漸於達

53.漸卦

有漸漸前進的涵義。

經營的資本是要靠積累的。非急功近利、一蹴而就可得。但時下搞經營者，一提起「積累」兩字，總認為步子跨得不大，近似「保守」意味。這漸進的含義，被時下的經營企業家淡化了。在經營上，不想靠漸進積累，那必然是走捷徑，走「暴利」之路。但此路，從長期看，對一個經營者彷彿是「飲鴆止渴」。

英國馬獅百貨集團的創始人米高・馬格斯的成功之道，恰恰相反，他正是靠漸進積累才成為今天英國最繁榮、最有實力的集團公司。他的生意是從「不用問價錢，全部一便士」開始，很快廣受歡迎，便迅速發展了他的經營事業。他的發跡史，是從原始的「背負肩挑，沿街叫賣」開始經營的。而且，他的成功，也很簡便，專做一個牌子。即在他的名字米高之前加一個「聖」字，用「聖米高」牌子打開局面的。而且，他是世界上最大的「沒有工廠的製造商」，沒有工廠的製造商是否會像時下一樣被「甩掉」，或被別的經營者「跳過你」？決不會。因為馬獅的成功，不是靠一天，不是靠急功近利，不是靠「暴利」，它靠的是《易經》漸卦上所說的「漸之進也」。漸之進，誰能搶他的生意。

這猶如武林中一個有「內功」的俠士，你要靠幾招來擊敗他是「天方夜譚」。經營的競爭也如武功，誰的「內功」功底深，誰便是贏家，誰就能立「賺」於不敗之地。

《易經》漸卦象曰：「山上有木，漸；君子以居賢德善俗。」意思是說，萬事像山上的樹木，要漸漸成長，這樣山也隨之增高。君子仿此，也應逐漸積蓄賢德，改善風俗。此意用在經營之道上，便應看作，一個企業要發展，必須積累、必須創新意識，改善經營的環境和方式。如英國馬獅集團，他們始終不厭其煩、不厭其詳地緊密改善他們與製造商的關係。馬獅集團是零售商，而他們與製造商共同改善經營環節，不斷改善與奠定他們與別人不同的經營策略。這是馬獅集團真正做到了如《易經》上說的「善俗」的行動。

《易經》在經營資本的積累和經營秩序的有序上均作了很生動的比喻。譬如：「鴻漸於干」（鴻是大雁，漸是漸進）把經營比喻為鳥類的飛行。把經營活動的漸進有序比喻為飛鳥六個層次的行動步驟。第一是「鴻漸於干」（「干」是水邊），先行動到水邊；第二是「鴻漸於磐」

（「磐」是大石），再行動到大石；第三是「鴻漸於陸」（「陸」是陸地），再行動到陸地；第四是「鴻漸於木」（「木」即房屋的椽木），再行動到房屋上；第五是「鴻漸於陵」（「陵」是指丘陵），又行動到丘陵上；第六是「鴻漸於達」（「達」意為可四通八達的道路）。

如果一個經營企業家，能注意到經營的成功，要像《易經》上說的是多方面有序地漸進過程，那麼，這個經營企業家最後不是「窮途末路」，而是像「鴻漸於達」那樣能四通八達，財源廣進。但重要的問題要注意漸進有序，而不是「暴」長「暴」落。

第五十四節　帝乙歸妹

54.歸妹卦

含歸宿的意思。

「帝乙歸妹」是一個很有代表性的古代傳說故事。「帝乙」是殷代的帝王之一，他非常有遠見，雖居高位，但無居高臨下之意。他不分身分貴賤，把自己的妹妹嫁給一個臣子，而在從嫁時，衣著樸實無一點華麗。由於這種很樸實具有德性的行為，贏得了人們的崇敬。《易經》歸妹卦象曰：「澤上有雷，歸妹；君子以永終知敝。」意思是說，澤上有雷，澤中的水隨著震動，象徵夫唱婦隨。君子應當效法這一精神，目光放遠，看清後果，知其弊害，而能事先籌謀。對一個經營企業家來說，這是何等重要的事。但要做到這些，首要的事，是如何提高經營者自身素養的問題。日本經營之神松下幸之助說過一句意味深長的話：「企業的經營，說穿了，是經營者的人生觀在左右一切。」這類話，在我們今天，整個社會的經營還未步人有序的階段時，是很難被人理解的。但是，松下幸之助頗具經營哲理的話，卻也反映了今天我們的經營為什麼還處於比較亂的狀況，那是時下經營者的人生觀還未走到「目光放遠」這一步境界所造成的。松下幸之助的經營事業為什麼能取得如此大的成功，可以說和他自身的修養分不開。他告誡我們，一個成功的經營者必須具備四種資格：第一，對社會要有「使命感」。第二，無私。第三，要有應變、應急的能力。第四，要有「詩心」。對第四種，松下解釋說：「孔子說：『不學詩，無以言』，經營者要有『詩心』，如此一來，器量自生，不會斤斤於小利，凡事都著眼於遠處；一個經營者的胸襟自然開闊起來。」有了開闊的境界，經營者才能有經營事業的巨大成功。

當然，這些至理之言，在時下興許不太有人去理會。當今，浩浩蕩蕩的大批經營者，只注意「誰扒到分，誰就是本領大」，從而形成了「泡沫經濟」的無序狀況，「敏而好學，不恥下問」者成了「呆子」。但是，古代的《易經》卻忠告我們今天的經營者：「女承筐，無實，士刲羊，無血，無攸利。」這是用了一個比喻，意思是在新娘的提籃中竟空無一物，新郎割羊時竟未出血，一切顯示出不利之態。此可引申為一個經營企業家如不重視個人修養，缺乏品德，那麼，從最終的結果看，不會美滿。

當然，這些「微言大義」的古代哲理，對今天還處在忙忙碌碌、昏昏庸庸的經營者，是很難入耳的。但是，只要你繼續一年年在經營之路上走下去，而且碰到困難，尋求解脫時再去領悟《易經》中的哲理，顯然是會得其深刻的道理，並能指導和啟迪我們每一個經營者的智慧。

第五十五節　居安思危

55.豐卦

豐者，含盛大之意。

一個企業家的沉浮，一個企業的興衰，是什麼在起著無形和有形的作用呢？《易經》豐卦，雖然卦名是盛大的「豐」，但卻是闡釋盛衰無常的道理。此卦充滿憂患意識，諄諄告誡盛極必衰，必須警惕。為了證明一個企業為什麼要「居安思危」，在這裡我想摘錄一段亞都加濕器公司在前程錦繡時，為了使企業不從「興」走向「衰」，特意自加壓力，製造危機的狀況：

一九九二年十月，美國紐約州立大學的經濟學家翰森先生在聽取了亞都企業一片前景光明時，卻大潑了一瓢冷水，他指出「亞都」正要由盛極走向衰亡，正處於一種危險階段。當亞都總經理問他「為什麼」時，翰森先生說出了三條理由：

一是「一個企業在興盛時，機構就迅速膨脹，管理力不能滲透到底」。二是「財務的擴張，導致財務失控」。三是「人性的弱點」。前兩點容易理解，而「人性的弱點」指的是什麼呢？

翰森先生解釋人性的弱點時說：「對企業的創造者來說，當發展到一定規模、一定資產時，就容易產生惰性。惰性表現為，一是自滿不進，二是坐享財富。這種自滿不僅頭頭會產生，企業的許多人都會以各種形式產生。於是導致貪圖安逸，計較名利得失，奮鬥精神減弱。」等等。

一個企業在「豐」盛時，透過轟轟烈烈、紅紅火火的表層，就會看到危機。《易經》豐卦正告誡這個道理：「豐其沛，不可大事也；折其右肱，終不可用也。」用現代意思詮釋便是：一個經營的企業，應看到你興盛時（豐），就像用大的幔幕（沛）掩蔽正潛伏著危機之處。雖然有了實力，但卻像折斷了右臂，無能為力。雖還能維持企業的生存，但「不可大事也」。即危機在無形中（人性的弱點中形成）已產生，即將從興盛走向下坡路了。

而處在這樣的時刻，如果一個企業經營的管理者，還不覺醒，還在製造「虛盈實虧」的虛假繁榮，那麼就會如《易經》豐卦最後的警告：「豐其屋，天際翔也；窺其戶，闃其無人，自藏也。」意思是說，你越製造「虛盈實虧」，其後果就像自己閉藏在大屋子裡，又如用簾子將家完全遮蔽，更加黑暗，終於沒有人前來，完全陷於孤立。這不是被他人捨棄，而是自己將自己閉塞了。

這些金玉良言，喻理深刻，如果能使一個有頭腦的企業家記取的話，將是無限的財富和利潤呢！

寫到此，使我想起梁衡先生在《繼承和超越》一文中的幾句話：超越自己、超越自我、超越自私，才能走向興盛。對此，一個經營家無不要時刻記取啊！

第五十六節　再戰江湖

56.旅卦

蘊含動盪、不安定之意。

一個經營的企業，在其初創階段，管理者難免顛沛流離，心裡有說不盡的煩惱事，心中常常不適和不悅，然而，這一切對一個經營的強者來說，正是一種考驗、一種挑戰，亦是一種獲得奮進成功的機會。古人用旅卦來象徵在成就事業前那種經常變換場所、不得安居樂業的狀況，來形容要創造事業時所必不可少的那種不安定行動。

《易經》彖曰：「旅貞吉也。旅之時義大矣哉！」據說孔老夫子為了成就自己的理想和事業，曾經周遊列國，他對旅途辛勞的體會，必然極為深刻。但他認為，「旅」所帶來的不安定並非壞事，而且是大有意義的好事。

在我一幢樓的旁屋，曾是一位局級幹部，在經濟大潮的推動下，他毅然辭職下海從商。他每天進進出出，從不安定。他妻子曾也抱怨地對我說在下海經商的頭三年中，幾乎沒有一天在家待過。「唉，你看他哪一天有休息，老是跑呀跑的。」她有些無可奈何地說：「頭一年，幾乎馬不停蹄在內蒙邊陲，後在中俄邊境待了半年，幾乎電話也打不過來，第二年，在海南進進出出，後到東北三省，第三年幾乎在東南亞、泰國、緬甸、雲南跑了一年，哪有個家呀！」

這位局級幹部我認識。他起先做一些廢鋁、廢銅，從中俄邊境販運過來，開始是易貨貿易，後無利可賺，就改做服裝，從俄國人要的大而長的羽絨大袍做起，後來開始辦服裝廠。三年中，可以說「旅」了整個中國和東南亞一些國家，終於經三年坎坷和慘澹的經營，建起了家業，成了一位時下說的「大款」。

對於建立事業，必須過一種不安定的經營生涯，《易經》逐一告誡，應如何從不安定的商旅生涯中走出一條路來，有以下幾段可以借鑒：

「旅瑣瑣，志窮災也。」意思是說，在慘澹經營中，在做生意的行動中，不能太吝嗇小器，否則會給你帶來意想不到的災禍，應從大處著眼。

「旅即次，懷其資，得童僕，貞。」「得童僕，貞，終无尤也。」意思是說，經營在外，「旅即次」，是一定要投宿在安全的旅舍中，還要帶足路費（資），這兩樣，就像可靠而忠實的童僕一樣。

「鳥焚其巢，旅人先笑，後號咷；喪牛於易，凶。」意思說，一個經營者在跑生意的旅途中，不能倔強傲慢，因為這種「使性子的倔強」，會被別人厭惡，也許你倔強於表面上的勝利，洋洋得意，最後必定嚎啕大哭（形容吃虧）。就猶如鳥的巢被燒掉，沒有可以安身的地方；古人還比喻像失去了牛（「牛」表示柔順的德性），所以兇險，給你經營帶來不必要的麻煩。

人生舞臺上，經營是件不容易的事，在時下的社會秩序和經濟無序之狀況下尤其困難，對一個經營者，旅途就是一大難，況要全部運作完一盤生意，就更是難呵！心想事成，要再戰江湖，但在江湖上混跡，不能忘記《易經》旅卦上的叮嚀！

第五十七節　謙而不卑

57.巽卦

蘊含謙遜才能進入人心之意。

人們常說：「謙謙君子」，又說：「謙招益，滿招損。」又有說：「謙虛使人進步。」這些話應該說都對。對一個經營企業家來說，為人做事確要謙遜，在某種意義上來說，謙遜便是經營者的財富。但是，問題的關鍵是：對一個經營者應懂得什麼是謙遜，什麼樣的謙遜才是行為的原則。這些問題甚至可以寫一篇論文。但《易經》恰恰給我們經營者在經營事業上如何做到真實的謙遜，提供了一些很有教益的原則。

《易經》巽卦初六：「進退，利武人之貞。」又象曰：「進退，志疑也；利武人之貞，志治也。」用現代意思詮釋，如一個經營的企業家，有過度的謙遜，便成了一種「謙卑」，由於沒有正確理解謙遜，反而在處理一切經營業務上缺乏信心，進進退退，不能果斷。作為一個經營者，面對一些「棘手的生意」，你能過分謙遜嗎？能缺乏自信與果斷嗎？

婆婆媽媽，猶豫不決，生意場上是容不得你的，社會是永遠在後浪推前浪的。

所以《易經》告誡我們，經營場上有時要像武士一般果斷才有利。「志不能疑也！」此話果真。

《易經》在巽卦有二爻，對謙遜作了很好的闡述：如：九五：「貞吉，悔亡，無不利；無初有終，先庚三日，後庚三日，吉。」古時以十干記日，庚日的前三日，是丁日，有叮嚀的意思，庚日的後三日，是慎守的意思。此意說明了真正的謙遜應該是事前周詳叮嚀，事後檢討得失的慎重態度。又如：上九：「巽在床下，喪其資斧；貞凶。」意思是說，謙遜應恰如其分，不可過度。

在經營場上，優柔寡斷，謙遜過度，必然會使你的生意招致損失，過分謙遜與志大才疏都同樣使一個經營者失去成功的機會。

左右為難！豈不做人之難，難比登天！經營是難，難在不能差之毫釐矣！

第五十八節　甘苦一味

58.兌卦

喜悅，取悅的意思。

一個經營企業家能達到和諧的管理可算上策。

有人問：在經營的天地裡，特別是在由原來的計劃經濟轉軌為市場經濟狀況下，究竟是當老闆好，還是做夥計好？在我十年的商旅生涯中，這兩種位置我都坐過，深得其中的甘苦。

做夥計，可以不冒風險，有事一彙報便完事了，一切的風險只須上司承擔。在我隔壁鄰居中，便有一位做外貿的老闆，一盤生意未做好，被人坑騙了，聽到的責備聲，都是自下對上。使他講不清，道不明，而生意卻是夥計做的，一彙報，全沒有了責任！試想想，一盤生意，在時下宏觀調控形勢下，毛利能達到百分之十五，已經相當不錯了。就是說當年收入一百五十萬，就得做一千萬的生意。把一盤幾千萬的生意額背在身上，可見所謂「老闆」的精神負擔與工作壓力有多大。氣意的盈虧，不能只靠老闆一人的能力，還得合力去做好。故我總感覺，老闆和夥計如能合力同心，那是誰做都好的事，反之，勞資雙方日子都不好過。

在這桿天平上，《易經》告誡我們的老闆和夥計：「麗澤，兌：君子以朋友講習。」兌卦上下卦為兌，像兩澤連在一起（麗澤），兩澤相連，澤水互通滋潤，君子仿似，應互相學習，和睦相處，共得益處。這是指經營管理者，對下屬誠心相待，可增強凝聚力。

《易經》還告誡說：「和兌，吉。」「和兌之吉，行未疑也。」意思是與人和諧，但不同流合污，因而和悅，吉祥。這正如《論語》所云：「君子和而不同。」一個經營企業管理者與下屬和諧共處還得如《易經》兌卦所說：「孚兌之吉，信志也。」有一種真誠和誠信，如果是「虛偽的」，那就維持不長久。

光有誠心還不夠，還得有正當的手段，不能用「邪」的。誠如《易經》說的：「來兌之凶，位不當也。」

一個精明而真誠對待屬下的經營者（老闆）要真正當好，上述幾誡，是決不能忘記的。當然，作為夥計（下屬），也應上下同心同德。因為，不久的將來，你也許會當上老闆。

不想當將軍的，絕不是一位好兵。兵將都難當，自有甘苦氣味也。

第五十九節　人性弱點

59.渙卦

闡述拯救渙散的原則。

一個經營的企業處在艱苦創業時，人們往往能共度患難。但是，當企業擁有相當的規模、資產急劇上升時，就容易產生渙散之心。在豐盛安逸的環境中，上下都會以各種方式離心離德，重私利而忘公益。在「小我」與「大我」之間是非就不清了。當人心一渙散，企業就有倒閉之危險。

近期許多家報刊載有「破產」、「被兼併」的企業。從報導的事例分析，無不是上下渙散所致。在破產企業的報導中，事例已不勝枚舉了。

企業的經營，凡達到一千萬元以上資產時，均處於高速增長期的末尾和穩定增長期的前端，由於兩個階段交接上的變化，企業內部的渙散往往從這時候開始，導致企業被削弱。如何來對待這種人心渙散的狀態呢？《易經》渙卦告誡說：「用拯馬壯，吉。」還說：「渙奔其機，得願也。」意思是說，作為一個經營的領導者，在渙散剛有一點苗頭時，即要像用壯馬一樣迅速去注意挽救，並且要「渙奔其機」（「機」古代是矮腳的桌子）。就是首先讓人們坐下來倚靠在矮桌上，即先使其安定，做到了安定，人心才能不渙散。

安定後怎麼辦？《易經》告誡我們說：「渙其躬，志在外也。」意思是說，要拯救渙散，一個有作為的經營家首先要去除其私心，要從自己的作為、品德上去尋找原因，看看自己對矛盾的處理是否恰如其分？看看自己對下屬是否公正無私？看看自己的管理方法是否符合實際和科學的原則，這些都是拯救渙散所不能忽略的事。

克服人性之弱點，並非易事。《易經》上有三爻都講了此道：第一：「渙其群，元吉。渙有丘，匪夷所思。」意思是說，要使一個企業不墮入渙散，應「渙其群」，即消除派系，消除內部的不團結現象。第二：「渙汗其大號，渙王居，无咎。」說明拯救渙散，要排除一己之利，要為公眾造福，如此靠大家都為共同的目標出汗出力，因此就不會有災禍。第三：「渙其血去逖出，无咎。」「逖者」，遠方也，意思是一個經營管理者，要有敏銳的目光，看得遠些，避其所害，有備無患，遠近之事都能周全，理當無災，從而使自己處於主動地位。

寫到此卦，聯繫經營之道，不能不使人想起香港梁鳳儀小姐根據自己切身體驗撰寫的《兵來將擋》一書。她說，在生意場上，決勝之道，只有一條：「武裝自己，讓自己經營得更好！」「好的程度越深，好的層面越廣，越有贏的本錢！」還說：「辛苦不辛苦！艱難不艱難！」咀嚼她的經營之道，再聯繫《易經》上「渙」卦之告誡，可謂有「心有靈犀一點通」之感。

願天下經營者，都能有「一點通」！更別忘了老子所說的「道生一，一生二，二生三，三生萬物。」一個經營者如若理解了這些經營哲理，可謂無往而不勝，無利而不有了也。

第六十節　節制有度

60.節卦

含節制、節約的意思。

生意是一場場真槍實彈的決戰。在真槍實彈的決戰中，爾虞我詐，你死我活，不可能有永遠的勝利。做生意亦然，有時虧損，有時賺錢，在這種反覆的過程中獲得成功，才是一個真正的經營企業家。

當前，由於多方面原因：利率增高，增值稅高，出口未能及時退稅，匯率降低，經濟秩序較亂，使經營面臨很不景氣的時光，但大家面臨此大環境，能否做好生意，應歸結於經營方法上切不切合實際。真正的經營者，面臨不景氣時，反而能奠定發展的基礎。

所謂經營上的不切實際，實際上是要有一個節制的制度；個人用度的調節和生意運作的控制，不能不使經營者費盡心思。

《易經》節卦象曰：「澤上有水，節；君子以制數度、議德行。」節卦下卦為兌，像澤；上卦為坎，像水。水入澤中，受澤節制。一個經營者正如水人澤中，如不受節制，盲目膨脹，總有一天會使經營往下坡滑去。但一個經營者如何節制呢？這個度怎麼掌握呢？

《易經》節卦初九：「不出戶庭，无咎。」九二又說：「不出門庭，凶。」這「戶庭」是指內院的範圍，這「門庭」是指外院的範圍。這是說節制的「度」。該節不節，必凶。不該節而節，就失了發展的機會，對經營者來說，亦是一種損失。

在經營場上，我碰到許多出手很闊的人，也碰到非常慳儉的人。其實，闊手亦好，慳儉也好，作為一個經營者，其實都需要，關鍵是看你如何精於核算的問題。

而精於核算，便產生節制。

第六十一節　有孚攣如

61.中孚卦

心中誠信之意。

《易經》中孚「序卦傳」說：「節而信之，故受之於中孚。」「孚」是一部《易經》的首要品德。廣泛散見於其他卦爻辭中，據初步統計有四十多處。

中孚卦辭指出：「豚魚吉，利涉大川，利貞。」豚（小豬）和魚都是上好的祭品，用以象徵中孚，表明信誠之德像祭祀時的虔誠一樣，有利於建功立業。

對一個經營者來說，沒有一個人在獲得經營成功的過程中，是完全靠自己打出來的。大都是幫助你的人在你身上看到「真誠與信誠」之品德，才高興來幫助你。所以，一個經營者真正掌握了、具備了誠信（中孚），那是在生意場上克敵制勝的重要法則，故《易經》中孚九五上說：

「有孚攣如，无咎。」又說：「有孚攣如，位正當也。」（「攣如」即為相互攜手）一盤生意如單靠一方是難於做成的，只有相互攜手才能圓滿完成。美國麥凱獲得經營成功，成為億萬富翁，他很強調「誠信」（中孚）和「攣如」（即相互攜手）。他曾經把這一原則說到了這麼個程度：「如果成功使我們改變了（真誠、誠信），那麼我們就該恢復到從前一無所有的時候，無論你有多少財富，都可能消失得像來時一樣快。你最好能保持當初能吸引別人信任我們的那些特質，並且與良師益友保持接觸。如果我們和他們的距離愈來愈遠，也就算放棄了使我們擁有今日成就的因素。」

此話說得多真切！作為對別人「誠信」的經營者，恰恰是幫助他找回「真我」、找回自己創造性發展經營事業的靈感，在市場經濟中找到真正拚搏的原動力。應該看到時下那些「不拐蒙坑騙已不能做生意賺錢了」的時光，終究會被歷史所唾棄！「後其身而身先，外其身而身存」，使我不禁想起老子那富於哲理的話，這話才是你走上經營之道，才是真正使你致富的原則。讓我們永遠記取幾千年前老子的話，還是有所裨益的！

第六十二節　稍求過度

62.小過卦

形容在行動上有小的過度之意。

《易經》小過卦是闡述「過」與「斂」的道理。在什麼樣的情況下應「斂」，什麼樣的狀況下要「過」。這確是在衡量任何事物方面的一把「尺」，稱物體重量上的一桿「秤」。而處於市場競爭激烈的當今世界，把握好「過」與「斂」，對一個經營企業家尤為重要。

小過卦象曰：「山上有雷，小過；君子以行過乎恭、喪過乎哀、用過乎儉。」小過卦下卦為艮，像山。上卦為震，像雷。山上有雷，雷聲過小，有小過之意。君子行此精神，行為應稍過於恭順，服喪應稍過於哀傷，用度應稍過於儉約。一個生意場上的經營者，有時會「吝」，有時會「奢」，很難讓人評說。我在生意場上常聽到人們議論這方面的事：「如此富有，那區區幾十元錢，難為他出得了手。」這是常聽人家批評節儉或「吝嗇」成性的有錢人的議論。也有對奢侈者的議論：「他花錢如流水，真是一擲千金啊！」對這兩方面的評說，聽多了，也膩了；世界萬事萬物不依人的意志為轉移，說到底什麼程度算「慳」，什麼程度算「奢」，對一個經營者來說，在哪種場合下稱得上「奢」和「慳」確難講明。以我看，《易經》上說的那個稍字，對我們經營在生意場上的人來說，應是一個「度」。

《論語》「為政」中說：「恭近於禮，遠恥辱也。」意思是說「近於」（只要對「禮」適可而止，就不算差了）即可。《八佾》中亦說：「禮，與其奢也，寧儉；喪，與其易也，寧戚。」此處的「易」是指形式，意思是說，講排場、講形式，不可也。一個經營者如不克勤克儉，專似時下有些所謂「老闆」那樣慷公家之慨，一個飯局，一擲幾萬元，簡直在吃「黃金」，未免近「恥辱」也。一個經營者，在生意場上，該花錢的時候應花，但不能「過度」，而不該用錢的時候，不能亂花錢，但應「稍」用。這是非常辯證的做法，這不是理論，卻是我經商的有益實踐所得。如經營者不遵此理實踐，必會出現如《易經》上告誡的：「弗遇過之，飛鳥離之，凶，是謂災眚。」還說：「弗遇過之，已亢也。」這恰比喻一個經營者沒有遇到任何阻擋，以致像鳥一樣飛升過度，終會沒有安身的地方。這如像天災，實際上是超過了一個「度」，是自我的人禍。

正如松下幸之助說的：「賺錢也一樣，不可以賺得太多。賺適當的錢，恰合自己所需，如此持續下去，便會愈來愈多，一下賺很多錢的人往往會失敗。」

一個經營者，在漫長的商旅生涯中，無不要時時記取《易經》小過卦中的「過」和「斂」之深刻意蘊。這不能不使人想起松下幸之助這麼能幹的經營家，為什麼還特意在家中聘請了一位加藤和尚作為經營上的顧問，向他請教達十五六年之久，直至加藤以八十一歲高齡謝世為止。

一個真正成功的經營企業家，是需要經常深刻反省經營哲理的。時下，大都還未到此層次吧！

第六十三節　防患未然

63.既濟卦

含已經成功的意思。

此卦，雖名為已經成功，但卻並不反映吉祥。此正透射出《易經》的含義極為深長。老子所云：「福兮，禍所倚。」以此哲理，一切經營者功成名就之時，處處要警惕，因為世間一切美滿的事物，愈潛伏著極大的危機。故《易經》既濟卦第一句話就說：「既濟，亨小利，貞，初吉終亂。」

「初吉終亂」，這是盛極必衰之理。但很多經營者往往在成功與發展之時，忽略此理。一個真正聰明的經營者，往往在成功時，具有「自知之明」的憂患意識。當然，對一個經營者來說，做到此點並非易事。也真難！這難在經營者本身之素質非常重要。素質上乘者，能突破自我，下乘者往往是滿足自我。此亦可謂「差之毫釐，失之千里」，成敗得失，存乎一念也。

《易經》既濟卦象曰：「水在火上，既濟；君子以思患而豫防之。」此意思是說，一個有遠見的經營者，凡當事在成功之即，就應該考慮到接踵而來的弊端，事前加以預防。一個經營者，在事業逐漸擴大，經營蒸蒸日上之時，要像《易經》既濟卦初九上告誡的那麼做：「曳其輪，濡其尾，无咎。」意思是說要有控制（即在後面拖住車輪），並要像狐狸渡河那樣，雖翹起尾巴，還會被打濕，故必須處處當心。

當然，一個經營者成功後，適當節制，會有人擔心「企業會停滯不前，失去活力」。但「一張一弛謂之道」，適當節制，從表面看，暫時有損失，但從長遠看，你會獲得更大成功。故《易經》既濟卦六二上說：「婦喪其茀，勿逐，七日得。」此比喻丟了首飾（茀），似乎是損失，但「七日得」，依然會有更好的成功。相反，一味發展，到頭來，反而損失更大。此可謂經營藝術上的相反相成之理。

《易經》在既濟卦中，反覆強調了這一真理：如告誡成功不可自滿：「終日戒，有所疑也。」成功後不可盲目繼進：「濡其首，厲。」

成功的經營者，要切實看到成功的反面，防患於未然。正如《紅樓夢》中所說的：「不可多走一步路。」

多走一步，也許恰恰會造成你經營上成功之後的敗北！不知經營同仁，你有此體悟嗎？

第六十四節　未竟之業

64.未濟卦

未完成的意思。

一部《易經》六十四卦，三百八十四爻，雖到六十四卦為止，但是，最後一卦，仍為「未濟」即未完成。說明事物的「變易」、「簡易」、「不易」的原理，永遠在無盡無窮之中變化演繹下去。這個哲理，用在經營者「經營之道」上，也同一此理。經營，只要有人類賴以生存下去，是永遠在進行著永不停息的馬拉松「跑步」。經營是漫長的競爭，亦是在無盡無窮之中變化下去的。你聽說過有永遠的「老闆」嗎？有永恆的「大款」嗎？俗話說，「富不過三代」，確有其理也。

經營者的「由虧而盈，由滿而損」反覆循環，正由於一代一代的經營者在反覆演變發展至於無窮，故具備無限的潛力，使未來永遠充滿光明與希望，成為代代奮發拚搏的動力。商旅生涯也是「滄海變桑田」、「令無數英雄競折腰」的競技之場。故《易經》未濟卦象曰：「火在水上，未濟；君子以慎辨物居方。」未濟卦下卦為坎，像水，上卦為離，像火，火在水上，向上燃燒，水往下流，既符合其性質，又互不影響，象徵未完成；然而，火與水的行動方向，並沒有違背本質。這說明一個有作為的經營者在其經營過程中，對人、財、物、資訊、科技等等的事物本質，以及活動趨勢等，都要進行慎重的分析和研究，這樣才有利於一個經營者對各類生意及可能發生的事，進行正確的決策。

《易經》未濟卦六五上說：「貞吉，無悔；君子之光，有孚吉。」又說：「君子之光，其暉吉也。」這意思是說，一個經營者，在即將成功的最後關鍵時刻，更應當明智、中庸、誠信、謙虛，以號召賢能，鞏固團結。一個成功的經營者，往往能把許多人的能力合而為一，向著不斷運動變化的目標前進。

未濟卦的最後一爻也講得非常形象，但對經營者卻有很深奧的告誡意義。上九：「有孚於飲酒，旡咎；濡其首，有孚失是。」又說：「飲酒濡首，亦不知節也。」

「飲酒」是自樂，只要適當亦無妨於正業。但一個經營者，不務正業，耽於飲酒作樂，吃得如頭部也被酒打濕，縱然有信心去支撐事業，也毫無希望。說明做任何事要有節制。寫到此，幾千年之前發生的事，時下經營場上，還耽於靡靡之音；還在經營場上罰酒，還在「是朋友，一口乾」。猶如回復到幾千年前的那種場面。亦可見一部《易經》的博大精深，涉及各個方面的告誡，在今天還具現實意義。

一個經營者的成功，是與自信有關。然而，也可以說，一個經營者的失敗也與其驕傲而盲目有關。

縱觀千百年來的經營史，通覽千百年來的經營業，在商海中，真正擊敗你的不是別人，而恰恰在於你自己。

當我把整部《易經與經營之道》六十四卦撰寫完畢，此最後一卦，幾千年前的古代聖賢者把它列為「未濟」，即意為「尚未成功」，使我想起孫中山先生叮囑身邊的同志「革命尚未成功，同志尚須努力」的教導。天下無數的經營者，實際上也在永遠進行著競爭與革命。這是科學的革命，也是經營的革命。

物不窮也，業不盡也。真是「代代自有英雄出，各領風騷數百年」。一個經營者一定要不斷去探索，去進取，去開拓。一部《易經》是經營者永遠學不盡的高級智慧，它是連結古代智慧與現代科學的哲理。

經營謀略談片

一

為使經營有效，必獲取商業資訊。資訊是分散在無數經營者中間的。只有身臨其境，參與購銷，參與談判，才能提出比較有效益的決策，做出有效益的行動。《易經》豐卦彖辭曰：「天地盈虛。與時消息。」說明了經營的有效資訊，要根據客觀世界的盈虛變化，隨時間轉移的規律，來掌握和了解它的。

經營的千變萬化，資訊是瞬間萬變的東西，它是隨外界不確定的環境而變化，亦是隨人們長期積累的知識（即對人和物的深刻了解）基礎上而生髮。

靜止不變，沒有創利者之心和外在的激烈搏弈，就沒有利潤可談。利潤的創造，在「資訊」的驅動下，意味著環境和行為不確定性的存在。這變而易變之不確定性，正是經營者日日夜夜精警的脈搏。

二

《繫辭傳》曰：「一陰一陽之謂道。」一陰一陽的相反相成之理，無不存在於競爭激烈的商場上呢！試看：商場上，雙方之剛與柔、柔與剛之相交，動與靜之相交，借與貸之相互轉化，由繁化簡，由小變大，有板有眼，有明與暗之爭，有章有法，有盈有虧……。每個精明的經營者，無不應領會「陰陽之道」由此化之、想之、計算之，才有你經營事業上生生不息的發展。

三

「潛龍，勿用。」一個經營者亦必須時時放棄「幻想」，不能靠對利潤獲取的理想色彩生存。在不能決策行動的時刻，在這盤生意不能得手時，要像「潛龍」一般，隱忍自己，不輕舉妄動，以等待對自己經營出手有利時機。但一旦出手，必須行動迅疾，如猛獸獵食一般。

四

一盤生意經，難言難描，可謂「難以名狀」。有人云：「生意之成功，在上要有『星』，中間要有『人』，在下靠自己！」這和《易經》上孔子說的同一個意思：「貴而五位，高而無民，賢人在下而無輔，是以動而有悔也。」可見，生意的成功是諸條件的總和來決定的，絕非朝夕之功力也！

五

中國在八〇年代才開始有培養商業人才的商學院，而在美國商學院已有近百年歷史，目前至少有幾百家。

商學院培養經營人才，主要是培養你經商的「眼光」。在紛繁眾多的千萬種生意中，你有沒有預見性的超越別人的眼光，這是決定你從商能否成功和獲利的關鍵。我看到許多經營者，忙忙碌碌其一生，但賺錢很少，到頭來，還虧損，有的人沉沉浮浮，無其成效。這是由經營者對千萬盤在其手中經過的生意的決策眼光來定奪的。

經營者的眼光，便是每一個生意人心靈的雕刀，在紛繁複雜的商海之中，你要具備一種生意的「眼光」。

《易經》上說：「知進而不知退，知存而不知亡，知得而不知喪。」所謂進與退，存與亡，得與喪，便是由商業上能否具有超越一定時空之眼光來決定的。

六

「先天而天弗違，後天而奉天時，天具弗違，而況人乎？況於鬼神乎？」此《易經》上的告誡，說明了一個經營者要懂得兩條規律：

經營者對時機的控制——技巧問題。

經營者對時機怎樣利用——人際關係的協調和周旋。

如把上述兩條辦好了，一個經營者就是遇到了再倒楣的事（鬼神乎），也會獲得長足之成功。

七

「不務天時，則財不生。」（《管子・牧民》）

「上不失天時，下不失地利，中得人和而百事不廢。」（《荀子・王霸》）

生意場上的種種變化，往往使經營者迷蒙、難以把握，而這正是要靠天時、地利、人和三者具備，那麼做事才會取得成功。

八

「積善之家，必有餘慶，積不善之家，必有餘殃。」

易曰：「履霜堅冰至。」

如果一個經營者，有長期的理性和智慧，他必不會去用惡劣、卑鄙之手段去獲利；用惡劣的手段去從事任何生意，最終將會失去已獲的利潤。也許，有人會說時下不是投機者獲利嗎？

回答是肯定的：經營歷史如長河，它終將會逐一淘汰這類生意人。也許，你會說，有的淘汰了，但有的還未淘汰。

回答也是肯定的：這是時間的塵埃暫時把這些人類的卑劣掩蓋了起來。等霜至時，堅冰就要來了。

九

司馬遷評價孔子的弟子子貢時說：「好廢舉，與時轉貨資。」即子貢做生意能隨著時間的轉換，而及時獲取貨物的差價（利潤）。

而差價又如何能獲得呢？究其原因是子貢能「億則屢中」即判斷準確也。

大凡成功的經營者，都須善於預測。如古代的大商人范蠡、白圭皆是也。

十

做生意，搞經營者，要學會委曲求全。委曲求全等於忍耐。經營者，必具忍耐心。所以，人們常說：「笑臉上前」、「和氣生財」。其實，這「笑臉」與「和氣」是商人長期經營場上失敗和成功教會他的。

十一

明代劉基撰書《郁離子》。描述三個商人經營同一品種的商品（中藥材），由於經營方法的不同，結果獲利就有明顯的差別。

這正如今天滿街林立的「服裝商店」。有專賣高檔時裝的，有賣大眾化服裝的。只要我們仔細對這兩種經營方式不同的店加以細心考察，就會發現，雖然高檔時裝賺錢快，它的賺頭等於賣大眾貨的好幾倍，但日子一久，人們對高檔店的熱情一過，它的生意倒反不如大眾店紅火了。

這是因為，大眾貨畢竟擁有「大眾」。「飛人尋常百姓家」的還是價廉而實惠的商品。

十二

每每春節前後，上海許多商店門前便掛上了一幅幅經商理財致富的對聯。獨看到一幅頗有意蘊：

洪範五福先言富，大學十章半理財。

上半句出自《詩經・洪範》，下半句出自《大學》。一部最早的詩歌，先言富，一部有名的《大學》，一半是講理財。俗說：「富貴、富貴。」是「富」字當頭呢？抑或是「富了便亦貴」呢？

這使我想起了一九九六年《周易研究》主編劉大鈞教授訪問香港，接受香港中通社社長郭招金先生訪問中，講到中國老百姓尋求發展（致富），尋找出路時，亦可從《易經》對「時」、「中」、「度」等等闡述的思想中，找到最佳的參考答案。

十三

經營者在感歎生意越來越難做。你看商界現狀：如樹木般多的商廈紛紛「削價銷售」；許多經營公司已到「門面難於支撐下去了」的時候；房地產商品房，一再降價銷售。

但是，經營場上，受騙上當之事屢屢發生，這是什麼原因呢？

一是經濟法盲——一個盲人在經濟浪潮中摸象。

二是心理扭曲——每個人都想輕輕鬆鬆地發財。

於是大騙子、小騙子在商界紛紛出籠。

而最最可怕的倒是：自己騙自己！無藥可救也。

十四

孔子論訟（打官司），有言在先。「訟不可成也，終凶。」經營者須牢牢切記：爭訟（打官司）本來就不是上策，難於達到目的，最後的結果是兩敗俱傷。

訟（打官司）正道的生意人是得不償失的。《易經》上早說：「訟不可長也。」拖得太久的經濟爭訟，對經營者來說必定大傷元氣。

十五

經營者，我說應學「易」。也許有人會說，這是理論，不是實踐。有次我和一位掌管經濟的先生談「易經與經營之道」，他直截了當對我說：「你能賺一千萬元利潤，我才信。」

我啞口無言。但我還是要告誡經營者：

《易經》之道，貴在擇位。孔子學「易」，期於抓住時機，減少過失！經營者學了「易」，也許賺不了大錢，但可減少經營上的過失！減少過失亦是減少了損失。

一個經營者必須學會：在時空條件發生變化之際，也需要適時而變。

一個商界中人，精明在於：當進則進，當潛退時則必須潛退，反之，必陷於進退維谷也！

十六

一部《易經》，對經營者說來，並非純理論。

它有占卜，有象數。經營者學「易」貴在能識時務（形勢變化）之輕重，時之變易。即要靈活操縱經營之帆，駛向成功之彼岸。當經營者上了一定層次，沒有思想哲理之道，就容易把握不往。辛苦攢積之利潤可毀於一旦。這話並非危言聳聽，無須我舉例，經營者讀之，即有所悟也。

十七

經營者學「易」，不是叫你去占卜，碰運氣。

一部《易經》，教你「知懼」。變化有度，過度則危。如一個經營者，能掌握住「度」能「知懼」，那麼，他無論是炒期貨，做股票，亦肯定是「贏家」。

《易經》上有句話：「履虎尾，終吉。」

這便是說一是「知懼」，二是有「度」。經營上若能知懼，有度，就能避免傷害，當然是吉祥的了。

十八

易者（學易者），貴於不隨便去踩冒險之道。也許有人會說：不冒風險，能賺錢嗎？此不去冒風險之意是在於：不陷危道，而明於憂患也。

十九

經營者學「易」，可知「易」之為道。其道（亦可是經營之道）應該說是：「至精至變。」經營者能以心去深究其精，以求得至深之理，以一心之至變，去通至微之端。端者，生意場上的微妙變化。切記：「月暈有風」、「石礎有雨」也。此經營者須時時察之！

二十

人們一提起西施，便油然想到范蠡。殊不知這位陶朱公（范蠡）經營前後十九年，三致千金。應該說他有經營之道。否則，盲目「下海」經商，絕不會「三致」千金的。

范蠡說，他經營的成功，受了「計然之策」的影響。計然者，葵丘濮上人也，姓辛，字文子，南遊於越，范蠡拜他為師，而他教范「計然之策」。

《史記‧貨殖列傳》記載了「計然之策」，特錄數則，供經營者對照自己之經營實際而施之，或許能有所收益。

1．知鬥則修備，時用則知物。懂此原理「則萬貨之情可得而觀已」。根據經驗總結出隨時間變化而獲利的關係，形成了：「六歲穰，六歲旱，十二歲一大饑。」這不是事物盈虧供求有輪換的變化趨勢嗎？也如當今之股票漲跌變化一樣。

2．「待乏」。如「夏則資皮」、「冬則資稀」「旱則資舟」、「水則資車」。就是能做到超越時空，待乏而賺錢。

3．貴上極則反賤，賤下極則反貴。貴出如糞土，賤取如珠玉。是根據市場供求關係的潛伏的預兆來做買賣。經營的難度，便是「貴到什麼程度，要趕快如糞土一般拋出貨物」，在「賤到什麼程度要趕快像珠玉一樣快速購進」。這個「度」的掌握，就是經營者的訣竅了。

4．「務完物」，「腐敗而食之貨勿要留」。這一條，一般經營者大都能做到，難度相對小一點。

5·「財幣欲其行如流水」，做到「無息幣」，這是經營者如何加速資金流轉之妙用所在，二千多年前的古人已懂「無息幣」，今天，我們看到許許多多經營者，物資大量積壓，資金流轉失靈，「人欠我」，「我欠人」，拖欠款鎖鏈一直無法解脫，資產、資金不能盤活，今日思之，確愧對古人也。

二十一

經營者的成功，觀古今中外，不外三條：一是靠準確無誤之判斷（決策與謀略），二是靠精確的計算（核算成本與差價利潤），三是靠辛苦之勞（在經營活動中付出的各種勞動代價）。

故司馬遷《貨殖列傳》記古代經營大師白圭說過一段話頗值深思。他對前來學習他經營之道的人說：「我的經營產業，就像伊尹、呂尚（古代宰相）的計謀，孫武、吳起的用兵（古代將領），又像商鞅的行法一般。所以前來學習我經營之道的人，如果智慧不足以去應付形勢的變化，勇敢不足以去果斷判決（決策），強壯不足以去堅守屯積（沒有勞動代價），雖然他們來向我學習，而我是始終不會把經營之道告訴他們的！」

其實，沒有上述三方面之才，你便是告訴了他們，也是半生不熟學不好經營之精髓的！

二十二

《易經》對經營者來說，實際上是一部很好的「預測學」。經營者沒有了謀略和預測，就很難做到「靜觀時變」，就很難做到「人棄我取，人取我與」的。做生意，特別是獲利大的生意，沒有「人取我與」能行嗎？

預測學，實際便是《易經》上講的「筮法」。具體講，便是西漢人京房的「納甲」法，其次還有「梅花易數」、「四柱命理」等。

二十三

改革開放的今天，很多搞經營的人士，都想在經營大潮中尋找機遇，一展拳腳，他們往往會從〈易經〉謂之「生生不息」之中，找到自己所從事經營的「含弘廣大，品物成亨」的大思路，大手筆！

這使我想起孔子的子弟子貢，「既學於仲尼退而仕於衛，廢著鬻財於曹魯之間，七十子之徒，賜最為饒益」。

這便是說，子貢後從商於曹國與魯國之間，利用買賣與屯積的經營之道，賺了大錢，是孔仲尼七十餘個學生中最富裕有錢，也是幫助孔子遊學成為聖人最得力的物質支助者。

也許，無子貢之助，孔子之名聲就不會這般大了！於此，可見經營事業之重要了。

二十四

《易經》曰：「日中則昃，月盈則食」，還有「亢龍有悔」，這些非常辯證的思想，對我們今天有大發展的經營者是很有啟發的思想，是經營者尋找和把握企業發展的尺度。

經營者如不牢牢掌握住自己經營的尺度，必然是要走向「流轉不靈」的死胡同，許多經營者因未能控制其發展規模，嘗到了「資金盤不活」的苦味。所以，《易經》上說的「龍飛得太高了，必定有悔」！到今天，還是有借鑒意義的！

二十五

「處乎其安，不忘乎其危」。這對從事經營事業的經營者亦是處處須精警的地方。作為一個企業家，要隨時改變經營決策和方式，要清醒地看到世界是「日新月異」的，明瞭更新企業結構的重要性。

二千多年前，魯國首先實行了「初稅畝」，那時，許多經營產業的人，都認為這種標誌著新型生產關係的萌芽，勢必要影響新體制的產生，於是，眾多經營者紛紛開始從重視「物」轉向重視「人」，孔子亦是如此。有一次他從朝廷回來，看到馬棚失火，就首先問：「傷人乎？」不問馬。

一個新的兆頭的出現，開始是微妙的，但作為一個經營者，當「軋準其苗頭」，及早加以轉換適應，時時要做到「不忘乎其危」也。

二十六

《易經》上說：「理財正辭，禁民為非曰義。」這正是這部古籍幽邃之處，我想這正是司馬遷《貨殖列傳》的寫史所在。司馬遷以大量的事例，雄辯地證明了商業的重要性，記載了許多著名大商人的經營業績。被司馬遷所稱道的獲得巨大財富的商人、手工業主、畜牧主是理所當然應被尊敬的。

例如《貨殖列傳》，記載了蜀郡卓氏，從事冶鐵而致富，在被秦始皇強制遷移，幾乎一無所有的條件下，依然不求苟安，不畏艱險，寧願到邊遠地區從事開發。他生產的鐵器產品遍及滇、蜀，對促進當地經濟的發展起了重要作用。而卓氏自己也成了一個擁有上千家僮的巨富。而《易經》繫辭篇更指出「理財」要與「禁民為非」結合起來。

從司馬遷《貨殖列傳》或《易經》中提出並肯定「富家大吉」的概念，從歷史發展的大趨勢來看，是非常正確的思想！

我請經營者一定得抽暇一讀司馬遷《貨殖列傳》，也許對你經營的事業有新的啟迪。

二十七

《周易研究》主編、山東大學劉大鈞教授在一九九六年六月答香港中通社社長郭招金先生問時，說到國內有一家著名大企業的總裁問到《易經》與經營的關係時，劉教授書一幅聯語贈他。聯語是：

易經首言富，繫辭論理財。

我想，不才之《易經與經營之道》在改革開放、發展經營管理科學的今天，也許會成為一部「仁者見仁、智者見智」的雅俗共賞之書。

經營、理財，確是需要文化作支撐的。所以，日本人林週二寫了一本《經營與文化》，全國人大副委員長費孝通先生在《讀書》上呼喚企業家要重視「理財文化」，不無道理。

二十八

俗話說：「大丈能屈屈能伸」也。此話運用在一個經營者的經營之道上，也有一定的道理，但關鍵是「何時屈，何時伸」。一個經營者在諸多經營項目中，在期貨、股票均有「潮起潮落」

之時，因此，在運作上，必須控制自己，該收縮即收縮，該伸張發展時要專注投入資金，這便是「何時應屈，何時應伸」的決策問題。眾多產品造成供大於求，其癥結之一是「蜂擁而上」、「競相投入」。而「人無我有，人有我優」，才是經營獲得發展的制勝法寶。

二十九

「樂觀時變」，可謂古代至現代的經商之道。當然，古代的市場行情預測，主要建立在氣候預測基礎上。但在今天就是要能夠不失時機地根據市場情況進行及時決策。今日步人現代激烈競爭之市場經濟，如何成為樂觀時變的善賈能商者呢？我說，無「智」無「勇」無「仁」者，就很難做到是一個成功的商人。

三十

人們往往用「陶朱事業，端木生涯」來形容商人，但從今天較為混亂的市場經濟運作中（從計畫走向市場過程中），能歸入此範疇的商人並不多，因為這類真正的商人在獲利致富後仍服務於社會，造福於社會。葛劍雄教授發表於一九九六年第十期《讀書》雜誌上的一篇很有價值的文章《貨殖何罪》末尾說：「歷史的發展是不能假設的，所以沒有必要設想，要是司馬遷的觀點（《貨殖列傳》中所舉經商例子）得到社會的認同，兩千多年來中國的商人和商業會起多大的作用。」

此話很有見地。這正如黃仁宇先生在《萬曆十五年》一書末尾中所闡述之觀點：「能在有生之日看到中國在國際場合中發揚傳統的：繼絕世、舉廢國、柔遠人、來百工」的精神。

「來百工」，我想是需要「陶朱事業，端木生涯」的真正中國商人成為一個階層。重要的是「真價實貨」四個字。

三十一

李防在《太平廣記》中記載了一個「黠商貪賈」的故事，很能說明一般老百姓對不是真正意義上的商人的一種心理。

有一年大旱，廬陵商人龍昌裔，儲米數千斛斗。旱年糶米，頗能獲利，他就專以糶米為業。但是，市場米價有漲有跌，本屬尋常，龍昌裔為能多獲利，竟然作一篇禱文，到廟中去禱告，祈神年年旱，不下雨，如此，他便可多賺錢。但上天相反，當龍祈求完畢，在回家路上小憩亭中，頓時烏雲密佈，即刻雷雨大作，龍昌裔被震死在亭外，後被人們發現他有祈求天不下雨的禱文，當時他孫子去應試舉人，鄉人恨他一味為利可惡，便用此事起訴，連他孫子考取功名的資格也被取消。這說明了不講道德的「黠商貪賈」為人所深惡痛疾。

這故事說明了真正對社會有益的商人，連司馬遷都要為之作列傳，而像龍昌裔式的商人就要被人痛恨。此告誡人應做廉賈誠商也！

三十二

分散和集中，是經營者對產品的單一還是多樣化的選擇思考的重要方面。俗語說一個人同時趕兩隻兔子，也許哪一隻兔子都逮不住。這是有道理的。產品多樣化有一定的好處，但也分散了資金，一個經營者極應注意做到既有分散，又能集中。有人說，開工廠、經商，究竟有否訣竅，是否人人可經商？

我說，人人可經商，人人可下海，但各人效果確不同，而相差也很懸殊。從這一點看，有些人經營的確有術、有方、有道，這是有規律可循的。關鍵是善於實踐，不斷總結，進取學習，並可能「功夫在商外」，「應用之妙存乎一心」吧。

三十三

在商業很發達的今天，在計劃經濟真的走向市場經濟時，「官商」慢慢就失去很便利賺錢的機會了，做成一盤生意，從接觸、談判、簽合同、劃支票、驗貨……很不容易。俗稱「做買賣」，這個「做」字是很有講究的。做成一盤生意，需要許多知識。大家看過《水滸傳》，施耐庵先生特地安排有一回叫「楊志押送金銀擔，吳用智取生辰綱」。裡面說到白勝賣酒，這裡邊便有許多「做」買賣的學問。在這短論中，我不便摘抄。請讀者翻翻這一回，便可知道吳用這個「智多星」，在使楊志上當買酒上，是用了許多生意場上的「妙計」、「應子」、「訣竅」的。確實，做生意（買賣）需要像「智多星」那樣審時度勢，因人、因時、因地制宜地去做。否則，在生意場上，只能「跑龍套」，一事無成。

這正如《易經》所說：「觀我生，君子旡咎」，「觀其生，君子旡咎」。這楊志所以上當，便缺少一根「弦」，即「觀摩他人的行為得失」及「觀摩自己的行為得失」。在經營中，做到能「觀摩別人」，又能做到「觀摩自己」，那麼，縱有十個「智多星」也不會使你上當受騙了。

三十四

清末小說家吳趼人曾寫過一本《發財秘訣》，討論了生意場上形形色色的人物，其中有所謂「黠商」和「貪賈」。當然，對於商人之活動，以及獲利，用今天市場經濟來評估，亦不能一棍子抹殺獲利賺錢的商業活動。我們必須認真思考一下，以使如「沈萬三」之類的悲劇不再重演下去！這正如葛劍雄先生有幾句話：「為什麼司馬遷的見解不能引起共鳴？為什麼兩千年前打擊商人的運動我們會不感到陌生？貨殖何罪？」

這些話，我在寫《易經與經營之道》時，感覺是非常可貴而值得深思的！

三十五

經營者，在經營活動中，確需要理性。不應被晃忽一閃的眼前微利所迷惑。市場往往不以人的意志為轉移，生意場上，生意正做得紅火時，正是要謹慎起來；而在走勢低迷時，則應保持信心，因此時，恰恰蘊含著未來的機會。

一個精明的經營者，勝者須保持冷靜，必要時，還要審時度勢，知難而退。在《三國演義》第六十七回中，曹操攻下南鄭後，有人進言「乘勝進兵」，主將司馬懿也力諫「智者貴於乘時，時不可失也」，連謀士劉曄也認為「司馬仲達之言是也」，都認為應在勝利中乘時再取勝。但曹操正確分析形勢後，反取「知難而退」的戰略，沒有被勝利衝昏頭腦去盲目取西川。這確是我們經營者所要學得的「理性頭腦」。

這便是《易經》上所說的一句話叫：

「履錯之敬，以辟（避）咎也。」

就是說勝利開始，橫衝直撞，在不知不覺之中腳步已經錯亂了，再乘勝走下去，便潛伏危險，不能不警惕自己了。

三十六

司馬遷《貨殖列傳》中有短短五十九個字，描述了任氏如何善於運用「奇貨可居」或「待價而沽」取得了經營上的致富和成功。現錄之，待經營者細細體味，悟出其道：「宣曲任氏之先，為督道倉吏。秦之敗也，豪傑皆爭取金玉，而任氏獨窖倉粟。楚漢相距？滎陽也，民不得耕種，米石至萬，而豪傑金玉盡歸任氏，任氏以此起富。」

這便是經營之道，一是任氏在經營決策上比別人有遠見（眼光），秦敗，大家都看重金玉，而任氏不積金玉，卻趕快用地窖儲藏穀子。二是任氏因具備祖傳的藏糧穀的技術知識，以後楚漢相爭，無人耕種，任氏又善於把握時機，米價一擔漲到萬錢，結果使得豪傑所爭奪的金玉，統統流入了任氏之囊，遂使任氏大為致富。這不能不佩服任氏之經營見地與謀略。

三十七

經營，這兩個字，大家知道意味著激烈的市場競爭。但在眾多的競爭者中，如何用智謀去取勝呢？這使我想到《易經》上有一句話叫：「用晦而明」，就是說要利用競爭者對事物看法上的昏暗，而自己心裡卻看得很明顯的道理去取勝。

韓非在他的《韓非子・說林下》中講述了監止子買玉的故事，在眾多的競爭者中，他最後取勝。此例值得經營者們思索：一塊品質上乘的美玉坯子，在市場競相爭購。當時所謂的「開盤價」是一百斤金子。而對許許多多的購者，監止子的謀略做到以下幾點：一是防止眾人欲購得此玉而哄抬玉價。二是在眾多競爭者中唯監止子一人取勝。三是要表現出落落大方，這塊玉很自然落人他手中。監止子即利用了在他手中觀玉時，故意不慎把玉摔了一下來，並有一定的破損。在此眾多競爭者紛紛惋惜時，他作出以百金賠償者身分和賣玉者成交了這塊價值巨萬的美玉，使賣玉者，也使眾多競爭者均佩服他的大方。（即有道德之意）

結果，監止子把坯子再經加工後，大獲其十倍以上利潤。

像監止子這般略施「經營之道」，不能不使人佩服他高人一著之處呢。

三十八

一個經營者，在各類不同的生意場上，在運作每一盤生意之中，能否做到處事從容、主動、無私、達權（即將事能彌，遇事能救，既事能挽），同時能看得深遠（即未事將來，始事知終，定事知變）？

一個經營者，在每天的忙忙碌碌之中，能否「拿得起，放得下」，而且在生意之一波三折中，能否算得到，看清對方之來意，知善知惡，能耐煩周旋，能處處鎮定，能考慮生意運作中，某一微妙的現象在不同時空中的變化？

「知時識勢」是一部《易經》六十四卦所闡明的旨意。

如果，一個商人能在經營活動中牢記二律背反，也許大有裨益，即：

（1）李商隱：「心有靈犀一點通」等於和對方合作的悟心。

（2）白居易：「惟有人心相對時，咫尺之間不能料」等於經營場上，尤不可不戒懼也。

三十九

南京著名私營企業、南京石林商場總經理劉豐，他在美國之行後，認為在開發市場的謀略方面，中國人不比美國人差……不要很久，經商水準一定能超過美國。

這些話，乍一聽，似乎有些「過頭」。但中國如在長期的封建社會裡，稍稍放鬆「重農抑商」的思想，那麼，中國在商戰謀略上確比美國強。你如不信，讀讀司馬遷《貨殖列傳》，還可讀一下被劉向載人《戰國策．燕策》中的「千金買骨」的故事，還可讀讀古代就有的巧妙應用廣告，如宋代李昉《太平廣記》中「擒奸酒」廣告詞之美妙，這樣你就會認為南京石林商場總經理劉豐的話，還是有道理的，因為中國人的商業謀略古代已有例證。只不過在我們漫長的歷史中間有一個長長的斷層而已。

四十

《易經》總宣揚了應付危機，宜光明正大，剛健中正。一個真正的經營者（商人）確應具備這種胸懷。我們今天許多經營者總喜「急功近利」或「投機」，抑或「行詐有術」。此不長也。

一個經營者，處危知懼，有時也難免陷於失敗之局。此何故？以我體悟，有自以為能者，自不量力者，剛愎自用者，此是一。另是「有恃」太多，三是忽略「小事」。殊不知一條小蟲能沉沒一艘大船也。《易經》上說：「中不自亂，幽人貞吉。」

有人說：「思危者以寵利為憂」而「患失者以寵利為樂」。此差異，對一個經營者來說，應不斷思索之。

頭腦簡單、處事籠統的經營者以「寵利為樂」。而頭腦清醒、具備強烈的現實感和有應變複雜事務的明智感的經營者總是以「寵利為憂」的。

經營是紛繁複雜多變的現實（是實實在在的東西），要警惕呀，因為你每天面對的是忙碌中的經營啊！

後記——從《易經》到經營文化之探索

《易經》是中華民族文化長河中博大精深、神秘古奧的典籍之一，最初是以占筮這一形式面世的。但是，它能影響傳統文化達幾千年之久，其價值究在何處？可謂人言人殊。有《易》與醫、《易》與律、《易》與史、《易》與資訊控制論等等方面的探討，成果累累。筆者以為，《易》的重要價值之一，恰恰在於它與人類所從事的「經營活動」聯繫在一起，有著豐富的經營文化內涵，只是以往沒有引起人們對其研究和探討而已。

人類從其生存以始，就離不開經營。《易》的占筮形式是人類發展過程中特有的文化現象，是伴隨著人的自覺意識的萌芽而產生的。這種自覺意識的產生，說透了就是人們的生存方式，為了認識、掌握大千世界背後運行的規律，人的這種行為延續了幾千年，並為之付出辛酸血淚的奮鬥歷史，其願望的實質就是試圖把握客觀世界以及人與客觀世界之間的種種因果聯繫，以滿足人為了生存和延續後代所必須從事的經營活動。「六十四卦，類似阿裡斯多德所謂從經驗入手，將精神與自然的個別方面的現象，以一種簡單的方式即概念形式加以把握，從各個方面把握現象，

考慮宇宙的一切方面。考慮某一現象在不同時空中的變化，所謂知時識勢，學易之大方。」（見《無夢樓隨筆》一一八頁）

人類漫長的歷史，從一定意義上說，就是為生存而需要的一部興盛與衰亡的歷史。李鏡池在《周易探源》一書中指出，參與占筮的人並非單是君王、侯爵、大人，其實它包括了婦人、小人、丈夫、小子、文人、武人等十二類各式人物。可見從貴族到平民，都要靠這「神物」來指導他們生活的途徑。這所謂的「生活的途徑」，應指人類賴於生存的經營活動。《易》在卦辭中大量的占斷辭，就是對人類生存的行為本身和行為結果，作一判斷和預測。所謂「占」就是探知未來事物的狀況。正如《繫辭》所講：「極數知來之謂占」。而「斷」主要是就吉凶兩方面所占之事，進行判斷。《周易》作者看到客觀世界紛繁複雜，變動不居，因而，人類賴以生存的一切經營活動，就顯出其變幻莫測，難於把握。只要人有所動，就會有得失禍福之別，相應就有《周易》上所述「吉節悔吝」等不同結果。如果對六十四卦、三百八十六爻辭（包括乾、坤二卦的「用九」和「用六」）中的條辭來對照人類生存的結果，大致可概括為三個規律性的分類：

第一是：吉（亨、利），吉類可視作一個經營者具有成功的趨勢和可能。

第二是：旡咎（包括無悔、悔亡、無吝、有終）和凶（包括厲、悔、吝等），旡咎可視為一個經營者從事的活動，基本上不會引起壞的結果。

第三是：凶（包括厲、悔、吝等），凶類預示著一個經營者在條件不具備或不成熟情況下去從事其經營，預示將必有失敗之凶。

《周易》中這三類預測與人類的經營活動無不有著一定的聯繫。當吉時，一個經營者可以毫不猶豫、滿懷信心地去運作你從事的經營活動。當然占「无咎」時，也可運作，但不可一往直前，毫無顧慮。如果獲占第三類凶象時，則宜停止你的經營活動，靜觀、待機。但如已在經營活動之中，則要格外謹慎小心，儘量將經營活動帶來的損害和失敗，降低到最小的損失，並積極制定對策爭取轉凶厲為吉和无咎。

從整部《易經》觀之，細細體味，也可以說是一部鼓勵人生要積極去搏擊的典籍。統計表明：《易經》占斷辭中，吉類要占一六六處，占四十三%，无咎類一百處，占二十八%，凶類僅占九十四處，占不足二十五%。這不難看出，我們中華民族祖先所創造的文化意蘊是那麼積極鼓勵人們去搏擊、去進取。因為只有積極去為人生而經營，在複雜多變的客觀世界裡去身體力行，才能積累財富，才能使人類走向美好的未來。今天，我們已進人一個新世紀。如何運用這部古老的典籍，從中吸取無窮無盡的智慧和力量，使我們堅實地面對現實，展望未來，應是個值得探討的課題。況且《易》所深蘊的本質和規律逐漸應該被人們所認識和掌握。

《易經》立卦爻繫辭以展其為人類經營活動規定一種法則，內容幾乎包括當時人類生活和經營活動的各個方面，包括各類方法、各種心態、各種思辨方式，可以說，《易經》是教會你為生存和發展自己，如何在各種複雜多變、兇險存亡之際，去戰勝貧窮和苦難，從而使你的人生在經營上，獲得各種成功的一部教科書。包括戰爭（師卦）、訴訟（訟卦）、行商（旅卦）、家庭（家人卦）、婚戀（賁卦、戌卦、歸妹卦）、交往（睽卦）等等，其實把六十四卦串聯起來看，並再作仔細推敲，無不與人類的經營活動息息相關。這用近代「經營之神」的日本松下幸之助的話來說，便是：「國家需要經營，一個家庭需要經營，一個人完成人生目標，也需要經營。只要人類生存和活動的地方，就會有經營。」此足見《易經》為人類經營活動設立法則的意義和應用範圍之廣了。因為，無論是《易》的占卜，還是《易》的哲學智慧，其關心的中心都是人應該如何生活，而如何去生活，便離不開人的經營。

蔡尚思教授從青年時代至今天九十多歲的高齡，對《易經》研究不輟，他曾說《易經》的哲學思想是「通過對《周易》的解釋，去鍛煉了人們的理論思維能力，特別是辯證思維的能力，逐漸形成了一套世界觀方法論以及邏輯體系，促進了中國傳統哲學的發展。正是這一理論體系，對中國人的生活、科學、藝術、倫理生活起了深刻的影響」。（《周易思想要論》）作者認為，《易經》六十四卦作為對經營活動的辯證指導原則，正基於它的理論思維能力和辯證思維能力。因為這兩種思維能力，對於人類從事經營活動的成功與失敗至關重要。可以說，是人類的大智慧！

「易是抽象符號和表象構成，這些表象對於事物的比喻是漫無邊際的。它本身有著對立的觀念，如光明的表象與黑暗的表象。」譬如《易經》首卦——乾卦，描繪了一幅龍的升騰壯大的圖像，告誡人們在發展經營事業過程中要善於把握時機，隨機而動，要「天行健，君子自強不息」地去克服困難，在經營的過程中要「終日乾乾，夕惕若，厲无咎」，處處要謹慎戒危，再接再厲，如此，才能使你的經營事業走向光明。坤卦以「蒙太奇」的畫面，提醒人們在弱小之時，既要在經營活動中善於用柔的方法，斂其鋒芒，藏而不露（「含章」，「括囊」等），又要自始至終「胸懷若谷」，一如牝馬般的寬厚和冷靜（牝馬地類，行地无疆，柔順利貞）。同時，又要在經營上有信心去戰勝曲折和困境。（初六：「履霜，堅冰至。」）。

又如屯卦，為突破經營上困境之卦，前三爻為時機未到之時，如「盤桓」，「屯如邅如」，都預示難進，九三冒然而動，終於在經營上處於不知所措的地位（如：「即鹿無虞，唯入於林中」）；六四，九五破困的條件成熟，在經營上作為一個經營者在此時如採取果斷行動，往往能獲得成功。（《易經》屯卦用「求婚媾，往吉，無不利」為喻）上六則從另一面說明，一個經營者，如不能及時抓住機遇，就會在困境中越陷越深，以至「泣血漣如」。如師卦，雖為軍事之卦，突出三軍主帥在戰爭中的重要作用，但用在現代激烈競爭的市場經濟的商貿之戰，如你指揮得當，用人有方（「小人勿用，必亂邦也」），必「吉而无咎」，師卦還強調「師左次，无咎」，並說「左次无咎未失常也」，用在經營商貿戰中，就是說要立足於據守有用之地（左次），不輕舉妄動，那麼即使你在經營上一時處於不利困境，但最終還是沒有危險（无咎）。

以上只是略舉一些《易經》中的卦象來說明《易》在經營之道上的應用，至於每一卦如何聯繫你在商旅生涯上的運用，讀者在讀完本書後，自有一番自己的體悟。

《易經》還通過一系列誠通道德的建構，努力將人類賴於生存的「經營」這一外在的行為方式，轉化為主體的內在文化品性。面對瞬息萬變的商海大潮，隨著科技時代日新月異，商業競爭的投機性已大為減弱，文化素質的高低對於企業家、經營者的成敗得失所起的作用越來越大。面對商海的潮起潮落，一個經營家多麼需要健全的人格和心態，《易經》為我們提供了獨有的思維方式和深思睿智的豐厚積澱。

譬如，「孚」，即講信用，重誠實。一部《易經》講「孚」的地方，比比皆是，不僅專設中孚卦，散見在各卦爻辭中，就有四十多次。「孚」是涉大川，闖偉業，行有所得，亨通順達的保證。中孚卦辭指出：「豚魚吉，利涉大川，利貞。」古代豚（小豬）和魚都是上好的祭品，用以象徵中孚，表示信誠之德像祭祀時的虔誠一樣，有利於建功立業。在「需卦」、「坎卦」、「損」和「革」等卦辭中多次提出和強調「孚」這一重要作用。這使我們看到日本企業經營獲得成功的特質。如「社是」中所反映出來的價值觀念的體系。許多日本企業在「社是」中都強調誠實信用，即如《易經》中多次提到的「孚」一樣，將它比作企業經營無與倫比的「財富」，視為企業的立身之本，如卡斯密公司提出，公司經營的立足點是：誠信誠意（「孚」）。日本的中國電氣工事公司的「社是」乾脆只有兩個字，即「真心」。

今天，在我們的經濟生活中，不時出現假冒偽劣，三角債「鏈」越套越多，坑蒙拐騙在經營活動中。也隨處可見。顯然，《易經》中多次提到的「孚」（即「誠信」）的精神，對我們搞市場經濟，是大有啟發的。僅從這一點看，同樣搞市場經濟的日本企業，所以能在短短二三十年間，將經濟建設搞得比較好的原因，正是在於抓住並抓緊了「孚」字。舍此，經濟難以發展，人民生活也難以提高，國家就不能安定。誠如《易經》所云：「翩翩不富以其鄰，不戒以孚」（《泰卦・六四》），「君子之光，有孚，吉」（《大有・六五》），「有孚威如，終吉」（《家人・上九》）。

如「恆」。可視作一種「人本主義企業經營」的理論。恆卦卦辭以「亨通，無所咎言，利有攸往」，主張有恆有德。《易經》「需」卦有言：「需於郊、利用恆，无咎。」（《需・初九》）需即等待。郊，《爾雅・釋地》：「邑外謂之郊。」用現代話說，便是你在很遠的地方等待，當經營成功時機尚不成熟時，只能耐心地在原地等待，暫不能運作，只要立心於恆，則无咎，如果缺乏耐心，急躁妄動，則會招來麻煩，使你從事的經營事業走向失敗，如豫卦六五：「貞疾，恆，不死。」這說明，在經營活動中，如能用恆德加以約束，就不會失敗。這一恆德原則，用在企業經營上，就是說企業經營者必須端正企業目標和用恆德來約束經營者的責任和原則。如日本太洋漁業公司就提出企業經營的目標是：「公司員工經營是為了共同追求人生價值的場所。」提出「企業最重要的是人」，當然，企業是個經濟性的社會組織，不盈利亦無法生存。

但日本一些企業對經營活動所帶來的盈利的態度已看成通過經營使企業成長發展，盈利是人們獲得人生價值和生活幸福的一種手段。這和我們整部《易經》提出恆德思想是非常吻合的。

譬如「謙」。經營活動離不開一個「謙」字。《尚書．大禹謨》稱「滿招損，謙受益。」《易經》宣揚：「謙謙君子，用涉大川，吉。」謙卦九三亦說此意再次強調「勞謙．君子有終。」一個企業的經營無論是開創和持續地競爭下去，總會有困頓和不順利之處，但如具備「謙遜」，必然得到別人的相助、支援，最後還是會走向成功的。特別應在企業經營上有所長足發展時，更應避免「財大氣粗」，表現在經營上更需要謙而又謙，那麼一個企業的經營才更會大有作為。

反之，如果企業經營上獲得一點成功，便沾沾自喜，缺乏憂患意識，花天酒地，揮霍浪費，那麼，這類企業的經營者，最終往往也會成為「曇花一現」的悲劇角色。又如「敬」。敬有恭敬之意，用以在經營上則表現為謹慎、恭順、細心以及認真對待的態度，因而有助於維繫企業經營過程中各類人與事，人與人之間的穩定態勢，減少矛盾和摩擦，維護和諧狀態。如需卦上六：「有不速之客三人來，敬之，終吉。」「不速之客」顯然是不利狀態的發生，有矛盾來臨，《易經》要求處於這種不利狀態的經營者對待以「敬」，結果仍向好的方向發展。離卦初九：「履錯然，敬之，旡咎。」此初九描繪太陽初升的景象，錯，《說文》為「金塗也」。意思是說作為企業的經營管理和領導者，其敬德、敬業的精神，當如迎接冉冉升起的紅日那樣，只有具備了這種

「敬業」「敬德」精神，才能「无咎」，從而使你經營的企業走向輝煌。任何企業在經營上的成功，可以說必重視一個「敬」字。企業的經營文化觀很主要的，便是對社會公平、為地區社會服務，企業與企業、人與企業，員工和領導者，都必須互相敬重，互相敬德，互相敬業，這種「敬」可以成為企業經營的共同思維和行為模式，從而形成巨大的「合力」，發揮出企業經營文化的「整體素質」和「整體效應」。由於有了這種經營文化的薰陶，使企業經營者自己也日臻完善，人格得到昇華。

如我們觀察外資企業的經營文化，可以說一部《易經》中的一些思想，無形中已深入這些企業的日常生活之中，如：「企業自訓」、「企業五戒」、「企業五省」；並反映在一些外資企業經營的特色中，即「正直之心」、「反省之心」、「謙敬之心」、「奉獻之心」、「服務之心」。這已經成為許多外資企業在市場中的原理和準繩。

通觀有些國家在短短幾十年內的成功並躍居世界強國之列，無不和這些國家重視企業經營文化有關。通讀《易經》，再聯繫許多人走過的成功與失敗的經營之路，中華元曲文化中，所包含的企業文化精髓，是值得我們去認真探索，並發揚廣大。

也許有人會問：「你為什麼想到把《易》和經營聯結在一起？」答曰：「作為義理之書或思想之書的《易》是人的理性發揮作用的對象，《易》實質是通過其內容的深入淺出的解釋，目的是研究人在現實世界裡的意義，其中心是人的生活，而人的生活歷程各有各的不同，但思想的體悟，離不開人生經驗的過程。於是，《易》與經營的聯結，應是物質與精神一致性的結晶。」

我看到許多成功的經營者和許多失敗的經營者，許多人為此而困惑，甚或不懂為什麼成功和失敗？因此，我們通過《易》之橋，可悟出什麼是商海的潮起潮落，它服從於那些因果規律？也悟出憑投機、權力或急躁妄動，絕不能加快它們（潮起潮落）之間的交替作用。一個經營家必須提高文化素質和具備健全的精神人格，才能認識商海中發生的一切規律性的東西。並在潮起潮落的規律性中，找到和找準自己的位置。

這也許是商旅生涯不是夢的責任和使命。同時，你必須做一個不惑的智者，不懼的勇者和不憂的仁者。人間經營，不二法門矣。

一九九七年四月二十八日於聽雨齋

二〇一三年七月三十日修訂

張建智謹記

Do思潮1 PA0070

易經與經營之道

作　　者／張建智
主　　編／蔡登山
責任編輯／王奕文
圖文排版／詹凱倫
封面設計／秦禎翊

出版策劃／獨立作家
發 行 人／宋政坤
法律顧問／毛國樑　律師
製作發行／秀威資訊科技股份有限公司
地址：114 台北市內湖區瑞光路76巷65號1樓
電話：+886-2-2796-3638　傳真：+886-2-2796-1377
服務信箱：service@showwe.com.tw
展售門市／國家書店【松江門市】
地址：104 台北市中山區松江路209號1樓
電話：+886-2-2518-0207　傳真：+886-2-2518-0778
網路訂購／秀威網路書店：https://store.showwe.tw
國家網路書店：https://www.govbooks.com.tw

出版日期／2013年9月　BOD一版　定價／300元

獨立作家
Independent Author
寫自己的故事，唱自己的歌

易經與經營之道 / 張建智著 -- 一版. -- 臺北市 : 獨立作家, 2013.09

面； 公分

BOD版

ISBN 978-986-89761-5-3 (平裝)

1. 易經 2. 研究考訂 3. 企業管理

494 102015272

國家圖書館出版品預行編目

讀者回函卡

感謝您購買本書，為提升服務品質，請填妥以下資料，將讀者回函卡直接寄回或傳真本公司，收到您的寶貴意見後，我們會收藏記錄及檢討，謝謝！如您需要了解本公司最新出版書目、購書優惠或企劃活動，歡迎您上網查詢或下載相關資料：http:// www.showwe.com.tw

您購買的書名：______________________________

出生日期：________年________月________日

學歷：□高中（含）以下　□大專　□研究所（含）以上

職業：□製造業　□金融業　□資訊業　□軍警　□傳播業　□自由業
　　　□服務業　□公務員　□教職　□學生　□家管　□其它_____

購書地點：□網路書店　□實體書店　□書展　□郵購　□贈閱　□其他

您從何得知本書的消息？

□網路書店　□實體書店　□網路搜尋　□電子報　□書訊　□雜誌
□傳播媒體　□親友推薦　□網站推薦　□部落格　□其他__________

您對本書的評價：（請填代號　1.非常滿意　2.滿意　3.尚可　4.再改進）

封面設計____　版面編排____　內容____　文／譯筆____　價格____

讀完書後您覺得：

□很有收穫　□有收穫　□收穫不多　□沒收穫

對我們的建議：______________________________

____

____

____

請貼
郵票

11466
台北市內湖區瑞光路 76 巷 65 號 1 樓
獨立作家讀者服務部 收

（請沿線對折寄回，謝謝！）

姓　　名：________________　年齡：________　性別：□女　□男

郵遞區號：□□□□□

地　　址：______________________________

聯絡電話：(日) ________________ (夜) ________________

E-mail：______________________________